原创首饰设计

ORIGINAL JEWELRY DESIGN

胡俊　程之璐——著

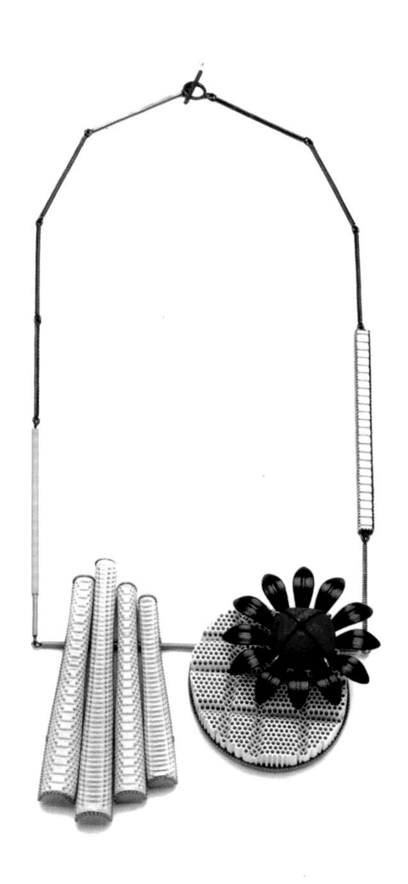

中国纺织出版社有限公司

内 容 提 要

本书详细介绍了原创首饰的艺术特征，并对国际、国内首饰设计专业院校普遍讲授的原创首饰设计方法，从缘起、灵感分析、调研、完善设计图、材料实验，到工艺制作的每一个环节，都做了抽丝剥茧的梳理和归纳。此外，原创首饰设计案例详解章节中，集结了多位艺术家和设计师的原创首饰作品，并对这些设计案例进行了生动的讲解和分析。

本书图文并茂，深入浅出。对于广大首饰设计专业师生、从业者以及珠宝首饰设计爱好者来说，本书具有极高的参考价值。

图书在版编目（CIP）数据

原创首饰设计 / 胡俊，程之璐著．—北京：中国纺织出版社有限公司，2022.6

ISBN 978-7-5180-9407-3

Ⅰ．①原… Ⅱ．①胡… ②程… Ⅲ．①首饰—设计 Ⅳ．①TS934.3

中国版本图书馆 CIP 数据核字（2022）第 041923 号

责任编辑：李春奕　　责任校对：王花妮　　责任印制：王艳丽

中国纺织出版社有限公司出版发行
地址：北京市朝阳区百子湾东里 A407 号楼　邮政编码：100124
销售电话：010 — 67004422　　传真：010 — 87155801
http://www.c-textilep.com
中国纺织出版社天猫旗舰店
官方微博 http://weibo.com/2119887771
北京华联印刷有限公司印刷　各地新华书店经销
2022 年 6 月第 1 版第 1 次印刷
开本：787×1092　1/16　印张：12.5
字数：201 千字　定价：78.00 元

前言 PREFACE

中国高校首饰艺术设计教育已走过了三十年的历程，至今，与艺术相关的院校几乎都开设了首饰艺术设计专业，不管是办学的规模还是教学的理念，都呈现出稳步发展的态势和观念意识多元化的格局。1989年北京服装学院筹建装饰艺术专业之初，就是以金工首饰设计作为主要框架来制定教学目标和课程设置的。1993年招收了第一届本科班，胡俊就是这个班的学生。这个班的专业课程以金工首饰设计为主线，后来进一步拓展了鞋帽箱包的设计内容，由此构成了北京服装学院装饰艺术专业的教学体系。记得1997年胡俊他们班的毕业设计，就是采用身体装饰的形式、以金工首饰的面貌展现的。胡俊的毕业设计《头盔》，应该说是最早尝试对西方古代盔甲的一种解构了。还有韩澄的《枫叶》、傅永和的《璎珞》等。同学们的毕业设计都反映出思想的解放，作品的形式超越了常规首饰的约束，流露出浓浓的对首饰艺术当代性探索的萌动。

在中国，首饰教育领域有两种思考，即：高校首饰设计教育是培养首饰设计师还是培养首饰艺术家？在首饰行业也分为商业首饰和艺术首饰两种设计类型。在商业活动中要求首饰设计师必须遵循产品设计的规律，要考虑消费市场的审美喜好，设计师直接面对的是社会层面的大众审美的认同度。而首饰艺术家的设计活动更为个人化，是一个艺术创作的过程，它强调首饰的个性化，彰显艺术家独特的个人品位，由此，其作品的商业性质被削弱，成为一种小众化的精致的艺术品。因为这两种设计行为的价值取向以及设计观念的差异，而形成不同的设计结果。当然，随着社会的发展，大众层面的审美意识也在不断提高，商业首饰的审美形式也越来越丰富多彩。近年来，深圳首饰制造行业中很多商业首饰的艺术品质都有了很大的提升，由于行业之间设计信息、工艺信息和市场信息的迅速流通，一方面刺激行业的竞争意识，另一方面也促进设计师不断进步，并形成了行业导向在学科上的影响力。反过来，我们作为设计教育工作者，应该思考在新的社会发展进程中，我们的教学工作应该如何适应社会发展的需要？如何适应行业发展的需要？特别是我们应该具备什么样的思想观念，制订什么样的教学目标，运用什么样的教学方法，才能通过有效的教学实践培养出优秀的设计人才？我想正是因为有了这些思考，才形成了胡俊写作这本书的原动力。中国首饰艺术专业教学在世界政治、经济、文化高度信息化发展的推动下，走向多元的态势无法回避，我们必须直面不同渠道和程序的设计信息，就像本书所列举的那些多样的首饰设计理念和设计方法。如第二章第一节从概念开始的概念首饰，第二节从工艺开始的新工艺首饰，第三节从材料实验开始的新材料首饰，一直到第四章第四节从交互技术开始的智能首饰，这些章节将现代首饰设计理念和方法进行了梳理和归纳，在首饰设计的多元文化、审美取向选择与定位方面，进行了深度的探索，使现代首饰设计具有多种的可能性。特别是在中国大学教育系统里的首饰艺术专业中，分为学士、硕士与博士三个层次的教学目标，更加拓宽了这种可能性的有效空间。在这些章节中，有李丹青的《榴莲》、谢雯欢的《限度》、李昀倩的《涅槃》、闫丹婷的《低俗小说》等作品，都从不同的角度对首饰设计的新观念、新工艺、新材料进行了实验性的诠释，获得了良好的艺术效果。

胡俊还在第五章原创首饰设计案例详解中，组织了一批优秀的首饰艺术家对自己的作品进行了生动的创作阐述，使我们面对这些首饰作品时，能够感受到作者将思想的火花，通过工艺材料的物化过程，变成了一件件引人入胜的首饰艺术作品，再通过人的佩戴和观照，完成了作品的艺术属性和社会属性的构建。其实，这已经对首饰艺术提出了更高的要求。在这一章节中，除了胡俊的作品《跳跃》，还有孙捷的作品《大鱼》、梁鹂的作品《虚纳万象——线条》、刘琼的作品《肌器》等，这些作者不仅仅停留在对艺术的思考上，而是身体力行地去实现自己的理想与目标，用心塑造每一件独特的首饰艺术品，因此才有了本书这些精彩的篇章。

在北京服装学院首饰艺术设计专业历年的毕业生中，有的在商业首饰设计方面对行业的发展做出了贡献，有的在大学的学科建设和专业教学方面做出了贡献，也有的在个性化艺术首饰设计方面取得了很大的成绩。胡俊由于他特有的艺术禀赋，决定了他对专业关注点的选择，毕业这么多年，他一直坚持对现代首饰艺术的探索，从设计创作实践到理论研究都取得了很多成果。另外，他积极地将国内外的相关资源进行整合，并在教学平台上为推动现代首饰艺术的发展做了不少具体工作，这本书的出版就是他在这一领域所做的新贡献。

唐绪祥

清华大学美术学院教授

2022年1月18日

目录 CONTENTS

01 第一章 原创首饰概述

02 第二章 原创首饰设计方法：概念、工艺、材料

第三章
原创首饰设计方法：创意、叙事、新装饰

04

第四章
原创首饰设计方法：现成品、非物质、身体、智能

05 第五章 原创首饰设计案例详解

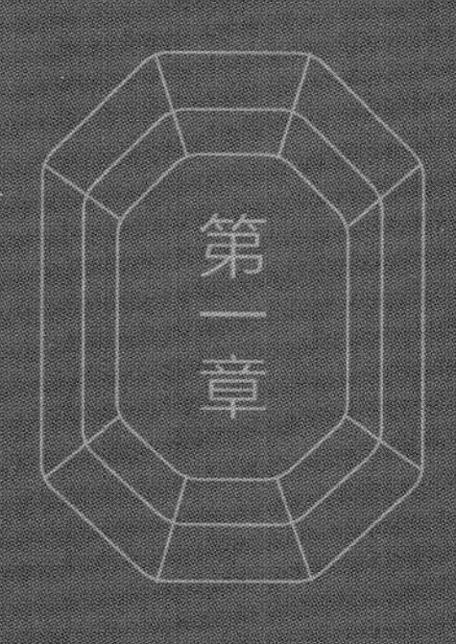

What is Original Jewelry?

原创首饰概述

一 什么是原创首饰

原创是独立完成的创作，它不属于歪曲、篡改他人创作或者抄袭、剽窃他人创作而产生的作品，是基于某种传统而独立进行与完成的一系列创新活动。

那么，什么是“原创设计”呢？原创设计就是通过作者的创作活动产生的具有文学、艺术或科学性质而以一定物质形式表现出来的一切智力成果（即作品），其内容不涉及抄袭，完全是自主创作（图1-1）。

具体到首饰领域，从应用范围来看，原创设计主要集中在艺术首饰范畴。艺术首饰是指一种以个人情感表达为动机、以表达艺术观念为宗旨、以一定的艺术形象来反映社会生活、以首饰作为载体与媒介的艺术活动。从某种程度来讲，艺术首饰对创造性的重视，与原创首饰毫无二致。由此，甚至可以说，原创性就是艺术首饰的最基本的要求和最显著的特征，没有原创性，就不能称其为艺术首饰。从这个层面来讲，原创首饰等同于艺术首饰（图1-2、图1-3）。

图1-1 胸针《无题》

作者：斯蒂法诺·马切蒂（Stefano Marchetti）
材质：钯金、银
尺寸：6.8cm×5cm×3.8cm

图1-2 项饰《丝橡木》

作者：朱莉·布莱菲尔德（Julie Blyfield）
材质：氧化银、蜡、丝线
尺寸：55cm
摄影：格兰特·汉考克（Grant Hancock）

图1-3　戒指《飞翔的青蛙系列—西伯利亚邮递员》

作者：咪咪·莫斯科（mi-mi-moscow）
材质：青蛙、银、丙烯颜料
尺寸：17.5cm×7cm×7cm

1.原创首饰的时代特征

每一位艺术首饰的创作者都是具体时代的创作者，其作品包括其内心感受的时代烙印都是不言而喻的，作品的原创性也同样具有时代特征和具体出处。

当今原创首饰的设计思潮把作品的功能性降至最低限度，甚至，有时候，它仅仅作为区分产品类别的标准而存在。当代首饰对原创性的要求是极其苛刻的，对传统的突破几乎成了现代首饰设计的标志。这种多元化的设计思潮正是后现代主义的显著特点之一（图1-4）。

图1-4　胸针《道路尽头》

作者：基吉·马里亚尼（Gigi Mariani）
材质：银、纯金、乌银（niello）、金属着色
尺寸：8cm×7cm×0.6cm
摄影：保罗·特尔兹（Paolo Terzi）

2.原创首饰的评价标准

一是典范性。优秀的原创首饰作品，无论是对造型的把握还是内容与形式的结合都是比较完美的，它应该是后人学习的典范。

二是社会性。优秀的原创首饰设计能被社会大众所接受和尊重，其价值备受后人推崇。

三是创造性。优秀的原创首饰创造性体现在许多方面，如主题、形式、材质、功能以及工艺等（图1-5）。

图1-5 胸针《甲虫》

作者：乔治·杜布勒（Georg Dobler）
材质：银、紫水晶、甲虫铸造体
尺寸：9cm×6cm×2cm

3.首饰设计教育模式

整体来看，国际以及国内早期的高校首饰设计教学，一般延续从草图绘制到实物制作的模式。在此模式中，绘制草图是必不可少的阶段，也是实物制作重要的先决条件。这种模式的确立是受到了其他工艺美术门类教育模式的影响，具有一定的历史延续性和普遍性（图1-6）。

图1-6 胸针《珊瑚》

作者：克里斯特尔·范·德·兰（Christel van der Laan）
材质：蜂窝陶瓷、黄铜珠、螺钿、粉末涂层、氧化银、颜料
尺寸：8cm×6.5cm×2.5cm
摄影：罗伯特·弗里斯（Robert Frith）

从今天的高校首饰设计教学模式可以看到，追求原创性是摆在第一位的。事实上，原创性不仅是艺术首饰创作的起点和根本标准，也是商业首饰设计的生命力之所在。所以，“原创性”对于艺术首饰与商业首饰都是同等重要的（图1-7）。

4.高端首饰定制

时下，高端定制颇为流行，其起因在于人们对个性化设计需求的日益增长（图1-8），人们往往会自己选择材质和款式，甚至自己参与设计与制作，与首饰设计师在选材、画稿和制作上进行反复沟通，最后拿到真正专属于自己的首饰成品。

高端首饰定制在选材、设计和制作上都有选择的余地。一件高级定制首饰的产生，是珠宝设计师与客户合作的结果。从这个角度来说，定制首饰与原创首饰还是有较大区别的，故而，定制首饰并不属于原创首饰的范畴。

图1-7 胸针《桌上的餐盘》

作者：西尔维娅·塞拉·阿尔巴拉德霍（Sílvia Serra Albaladejo）
材质：银、塑料、陶瓷、亚克力、金箔
尺寸：10cm×12cm×4cm

图1-8 胸针《共体》

作者：胡俊
材质：925银、珍珠、钢丝、漆、树脂、弹簧

原创首饰的发展现状

作为纯粹装饰而存在的首饰，经过不断的发展，逐步呈现两种发展方向。一种是商业首饰方向。商业首饰的开发作为一种市场行为，已形成一套十分完备的设计、生产、销售和服务体系。商业首饰包括：高级珠宝、时尚首饰、古董首饰、流行配饰等。另一种是艺术首饰，也称首饰艺术（图1-9）。

图1-9 胸针《微雕》

作者：赫尔弗里德·科德雷（Helfried Kodré）

材质：粉末涂层、黄铜

尺寸：12cm×12cm×12cm

1.商业首饰与艺术首饰的概念

商业首饰是一种为了实现销售而生产制作的产品。具有装饰性、可复制性的特点，佩戴性较强，是实现了批量化生产的产品。

什么是艺术首饰呢？荷兰当代首饰艺术评论家丽丝贝特·邓·贝斯腾（Liesbeth

den Besten），曾用六种不同的词汇来描述当代首饰：当代首饰、工作室首饰、艺术首饰、研究型首饰、设计首饰以及作者首饰。虽然这些词汇包含的意思略有不同，但它们的共同之处均在于当代首饰是对新观念、新材料、新工艺等方面的探索（图1-10），鉴于此，我们从创作观念、材质、制作工艺三个方面来探讨当代首饰的艺术特征和发展现状。

图1-10 项饰《复合分数系列之无题》

作者：阿泰·翰（Attai Chen）
材质：纤维素化合物、漆、胶水、银
尺寸：15cm×27cm×8cm
摄影：阿泰·翰

2.特征之一：观念先行与唯一性

无疑，观念是与“当代”艺术紧密相连的一个概念和范畴，创作观念就是人们在进行艺术创作时，艺术家对客观环境的反映和思维方式（图1-11）。

所谓“观念先行”，是指当代首饰的创作之初，在还没有设计草图、模型以及选材之前，首饰创作的主题或观念就已经形成，存在于创作者的脑海之中。它是指导首饰创作的基础，甚至可能是唯一的依据。观念体现了艺术家对客观世界的主观思考。通过艺术家的抽象辨析、归纳和整理，并经历一个不断纯化的过程，这些主观思考从一个原本错综复杂的观念综合体转化为一个单纯简约的创作主题（图1-12）。

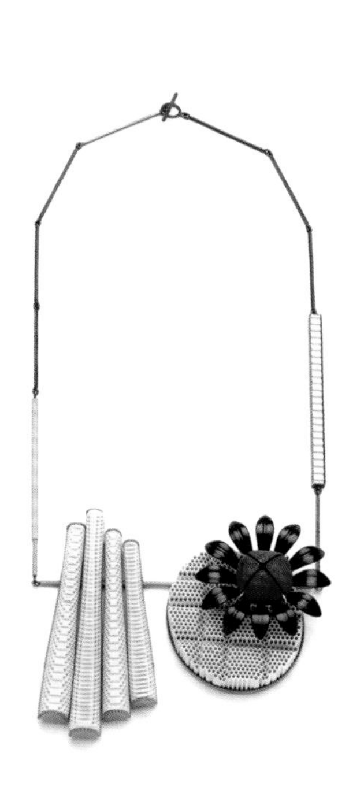

图1-11 项饰《圣地》

作者：克里斯特尔 · 范 · 德 · 兰
材质：蜂窝陶瓷、古董、旧铃铛、粉末涂层、氧化银、颜料
尺寸：13cm×29cm×4.5cm
摄影：罗伯特 · 弗里斯

图1-12 头饰《游戏》

作者：蒂芙尼 · 帕尔布斯（Tiffany Parbs）
材质：足球、925银、松紧带、铝
尺寸：21.5cm×21.5cm×13.5cm
摄影：托比亚斯 · 蒂茨（Tobias Titz）

3.特征之二："去价值化"的材质

传统首饰一般采用贵重材料来创作，这与它服务、依附的对象有关，故而，黄金、白银、宝石等贵重材料的使用顺理成章。

再来看当代首饰，应该说当代首饰并不排斥传统首饰制作常用的贵重材质（图1-13）。不过，这些首饰艺术家，在选择贵重材质进行首饰创作时，并没有把贵重材质的物质价值因素放在首位。他们之所以选择贵重材质，是因为其能满足自己创作观念的需求。

此外，大量廉价材质纷纷进入当代首饰的创作之中（图1-14），这些廉价材质包括：紫铜、黄铜、铝、铁、不锈钢、玻璃、塑料、皮革、木材、树脂、人造宝石、颜料、干花、漆、纸黏土等，甚至有许多令人产生不快的材料，如毛发、液体、硅胶、骨骼、器官、动物躯体、身体伤痕等，也都加入当代首饰创作之中。更有甚者，连光影、气味、声音等无形的元素也都成了当代首饰创作素材。

如今，越来越多的首饰艺术家热衷于新材料的探索与开发。一般而言，当代首饰艺术家对材料所做的探索大致可以分为两个方面：

第一，尝试使用不同的材料

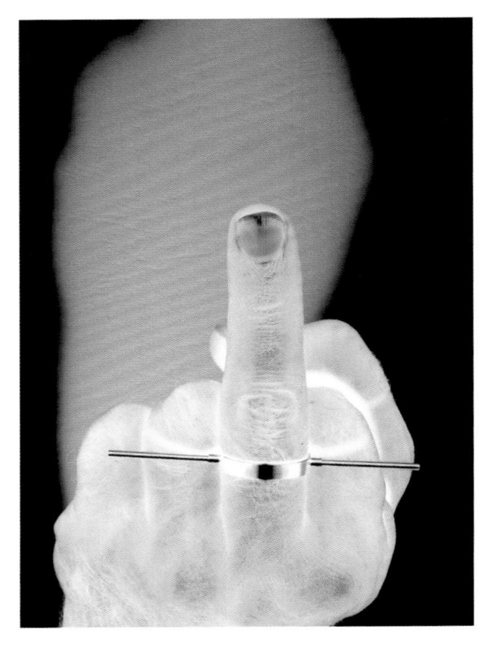

图1-13 戒指《青铜系列—无须多言》

作者：咪咪·莫斯科
材质：银
尺寸：9cm×4cm×0.5cm

图1-14 胸针《行走》

作者：胡俊
材质：925银、青铜、金箔、钢丝、大漆

来创作。正所谓“没有最新的材料，只有更新的材料”。“新”材料可谓层出不穷（图1-15），如：糖、水泥、锡纸、丙烯、糨糊、谷物、蜜蜡、滴胶、指甲油、面粉、奶粉，等等。

第二，对某种特定的材料进行反复试验。这些试验包括物理的、化学的、光学的等，如：切割、敲打、灼烧、腐蚀、分解、黏合、碾轧、揉搓，等等。一旦通过这些试验获得了某种奇特的视觉效果，艺术家就会以这种视觉效果作为首饰创作的起点，通过归纳、延伸、推演以及重复等手法，创作出一系列具有专属材料美感的首饰。

图1-15　胸针《神的创造》

作者：维多利亚·穆泽克（Viktoria Münzker）

材质：杉木、鱼鳃骨、玛瑙、塑料颗粒、黄铜、925银、大漆

尺寸：13cm×11cm×4.5cm

4.特征之三：打破“工艺美”的垄断

工艺美是指某种制作工艺经由一定的工艺品而呈现出来的视觉美感。例如：象牙镂雕工艺，具有玲珑剔透之美；陶瓷开片工艺，具有冰清玉洁的纹路之美；透光珐琅工艺，具有光怪陆离的色彩之美，等等。

然而，当代首饰却打破了这种“工艺美”的垄断，也就是说，当代首饰对加工工艺呈现出来的视觉效果并不总是要求“美”，不但如此，在创作观念和艺术趣味需要的前提下，艺术家甚至可以选择“丑”的工艺表现效果来创作首饰（图1-16）。

图1-16　胸针《革命》

作者：德尼丝·J.雷伊坦（Denise J.Reytan）
材质：银、镀24K金、钢
摄影：比约恩·沃尔夫（Bjorn Wolf）

 原创首饰作品赏析

本节展示的原创首饰作品均以观念作为设计的先导，突出了观念在现代原创首饰设计中的重要性（图1-17～图1-28）。

图1-17　胸针《苏克图斯系列之西丽》

作者：鲁迪·彼得斯（Ruudt Peters）
材质：银、鸡血石
尺寸：10.2cm×6.4cm×3cm

图1-18　胸针《苏克图斯系列之渴望》

作者：鲁迪·彼得斯
材质：银、朱砂、聚酯纤维
尺寸：10cm×7.2cm×4.4cm

图1-19　手镯《小猪》

作者：泰德·诺顿（Ted Noten）
材质：3D打印尼龙
尺寸：12cm×9cm×2.5cm

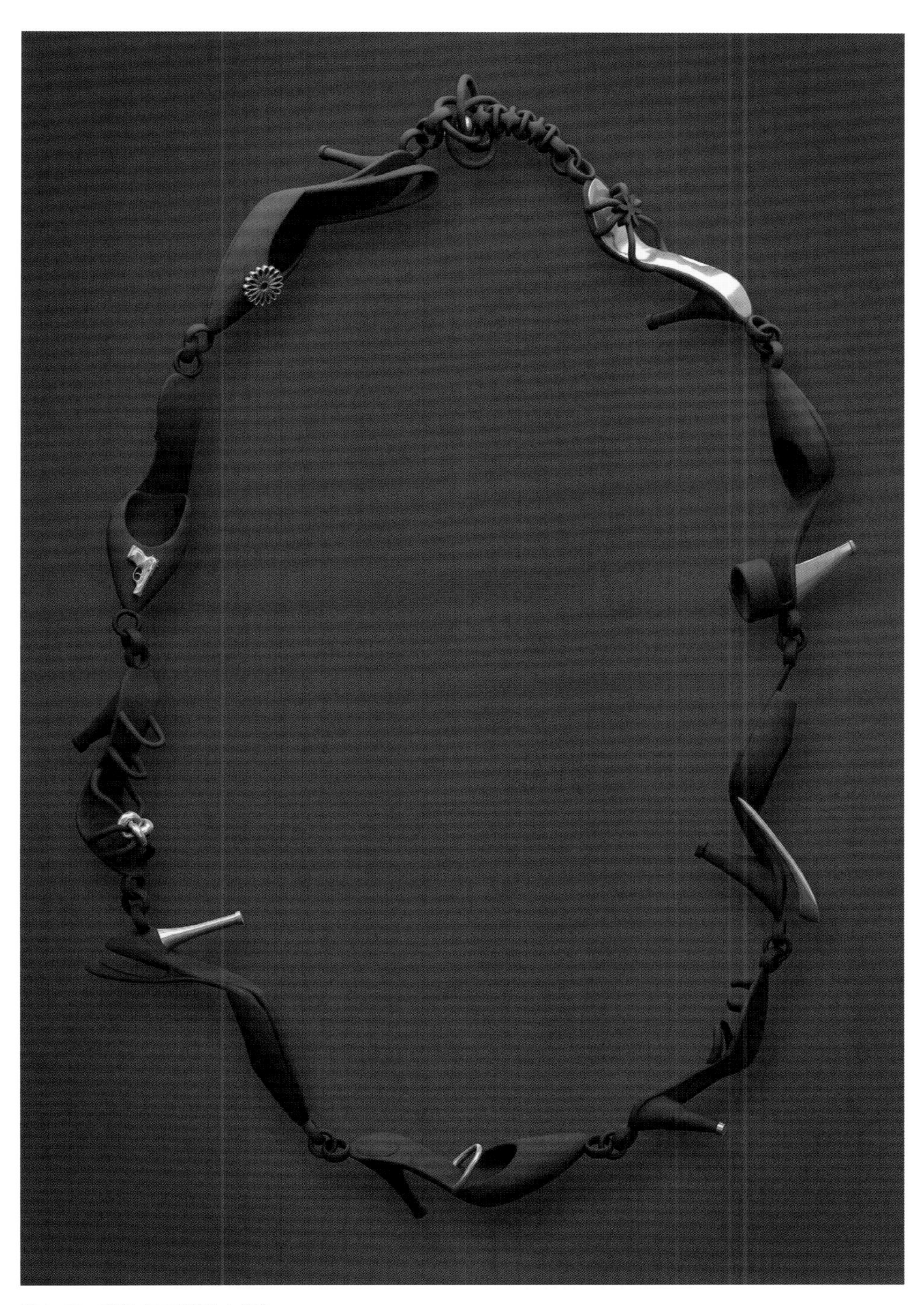

图1-20 项链《时尚黄金女郎》

作者：泰德·诺顿

材质：18K金、3D打印玻璃填充尼龙

尺寸：直径30cm

图1-21 胸针《狛犬四号》

作者：奥托·昆泽里（Otto Künzli）
材质：低碳钢
尺寸：10.7cm×10.2cm×0.06cm
摄影：奥托·昆泽里

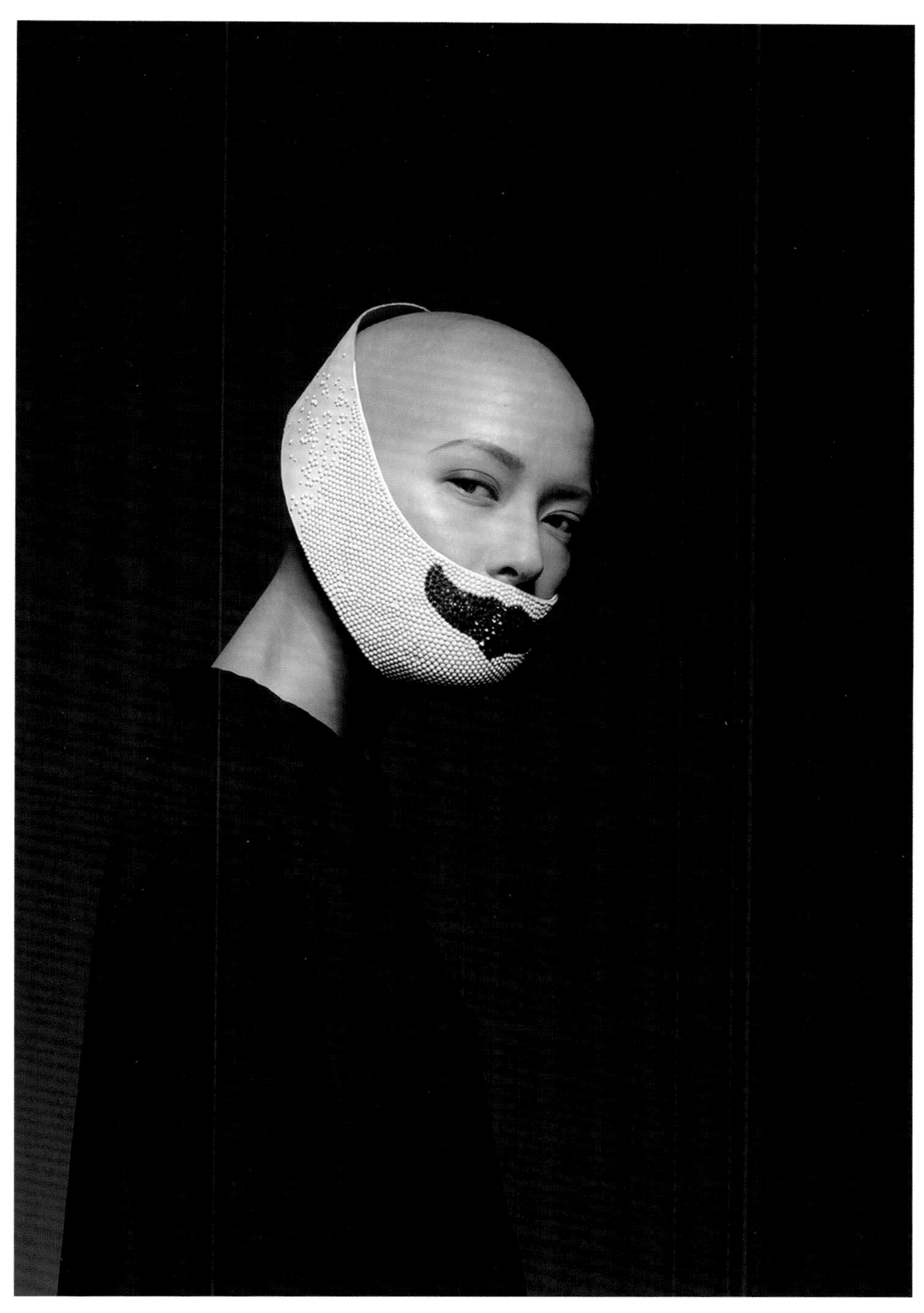

图1-22 头饰《小丑》

作者：新里明子（Akiko Shinzato）
材质：植鞣皮革、施华洛世奇水晶
尺寸：12cm×29cm×8cm

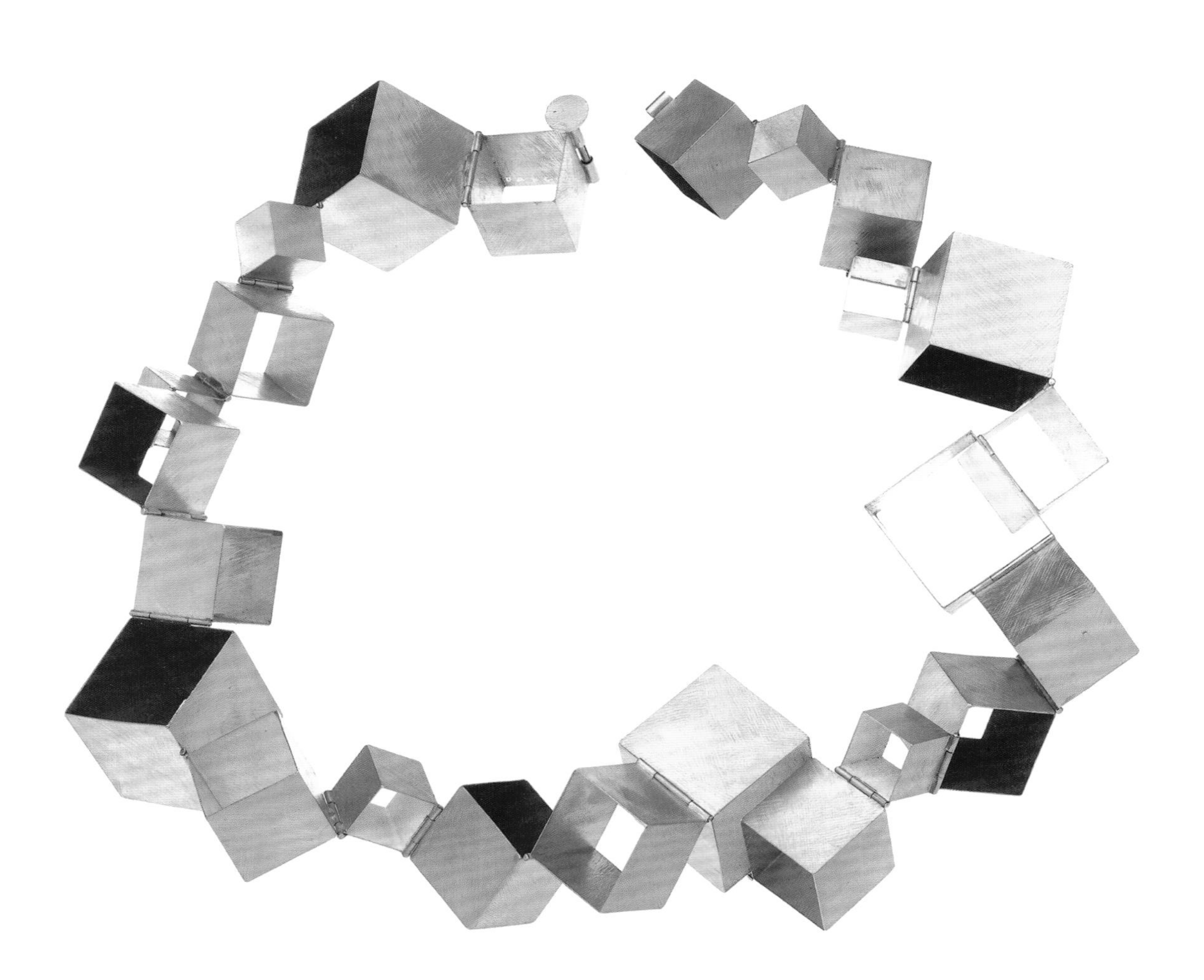

图1-23　项链《无题》

作者：詹保罗 · 巴贝托（Giampaolo Babetto）
材质：18K金、颜料
尺寸：直径约25cm
摄影：朱斯蒂诺 · 切梅洛（Giustino Chemello）

图1-24　胸针《太阳浴》

作者：朱迪·麦凯格（Judy McCaig）

材质：钢、18K金、木材、赫基默钻石、现成品、有机玻璃

尺寸：9cm×9cm×2cm

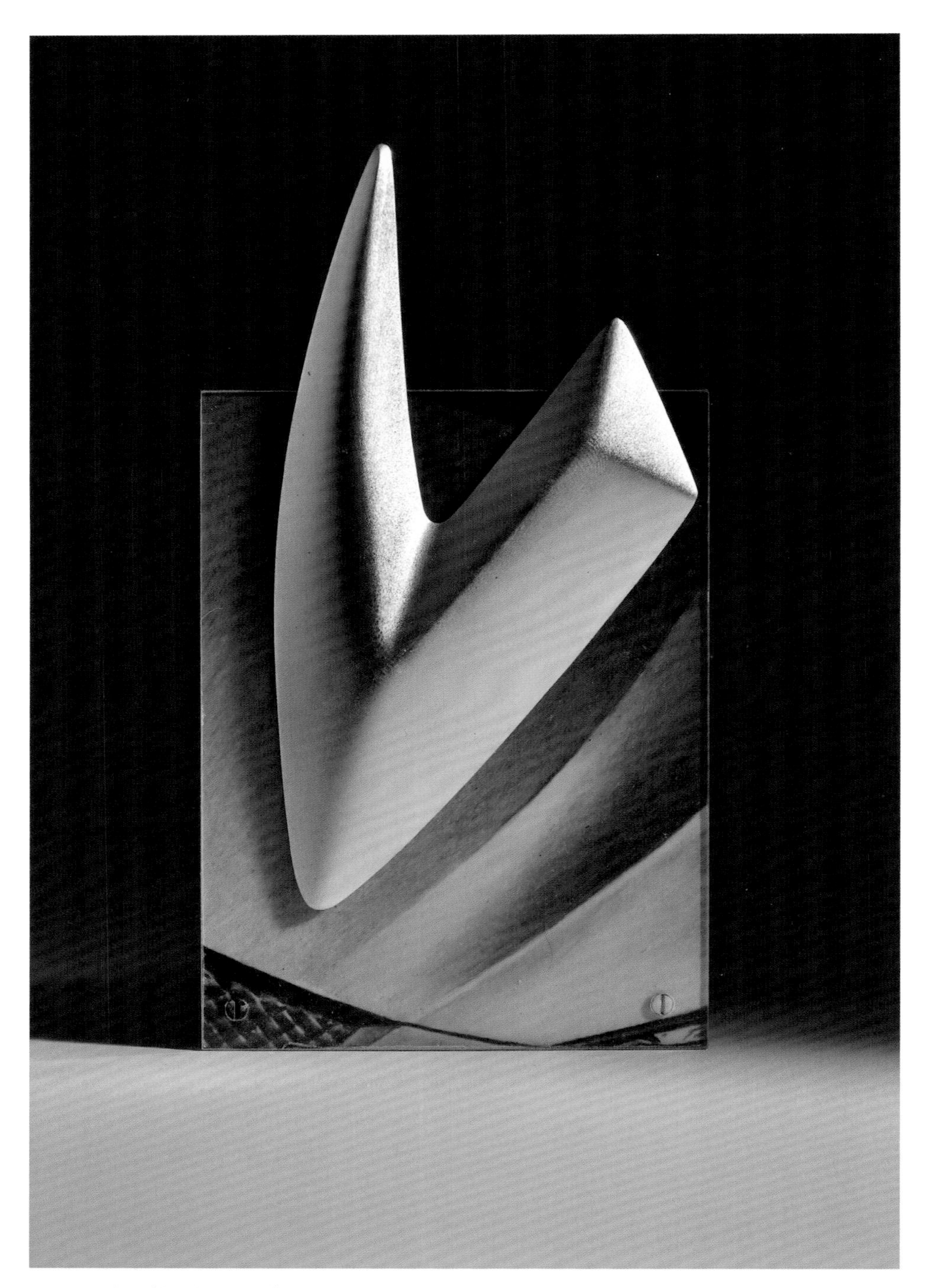

图1-25　胸针《装饰状态68号》

作者：布鲁斯·梅特卡尔夫（Bruce Metcalf）
材质：银、聚酯薄膜片、聚碳酸酯板、镍银
尺寸：6.1cm×9.2cm×1cm

图1-26　吊坠《充气》

作者：金·巴克（Kim Buck）

材质：金、银

图1-27　戒指《抽真空彩色系列》

作者：金·巴克

材质：银、漆

尺寸：不等

图1-28　胸针《空白的面孔》

作者：胡俊

材质：925银、青铜、金箔、钢丝、大漆、棉线

尺寸：4.7cm×18cm×2.8cm

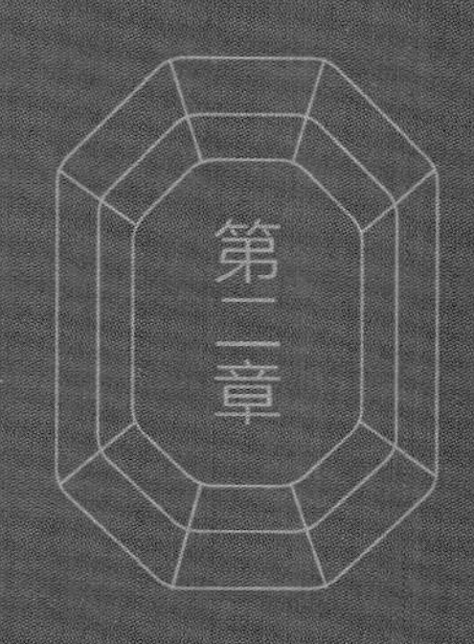

Original Jewelry Design Method

原创首饰设计方法：概念、工艺、材料

一 从概念开始：概念首饰

概念是我们在认识事物的过程中，对事物的理解从感性认识上升到理性认识，把所感知的事物的共同本质特点抽象出来，并加以概括。

我们知道，人类思考的主要方式就是文字和语言。而对于艺术家而言，我们需要做的就是把文字和语言转换成视觉艺术形象。

纵观一件概念首饰作品的设计过程，我们可以看到，从某一个灵感、想法，或者是特定的命题开始，经过分析、研判和归纳，抽象出“概念”，然后以这个概念为切入点展开设计，绘制并完善草图，最后制作成品。

1. 设计范例一

设计过程分析：

第一步：寻找概念。

首先思考下面具有对比含义的词组：优美/丑陋、苦涩/甜美、高大/弱小、华丽/简朴、柔软/坚硬、曲线的/有角度的、光滑/粗糙、笨拙/灵活、重的/轻的、对称的/不对称的。请从中选择任意三对让你感兴趣的词组。

第二步：分析概念。

分析你选择的每一对词组，下面的问题可以帮助你展开思考和分析：

（1）它有什么含义？

（2）这些词是否还有其他含义？

（3）对于其中的任一词语，你有没有情感上的回应？

（4）可以用来表达这些词语的一些物质和视觉的特征是什么？

（5）想一下每一组词中的对比特点。

（6）这个词语与自己有什么特殊的关系？

（7）这个词语在自己的生活中扮演了什么样的角色？

思考这些问题的同时写下你的想法，这虽然只是很少的一些词，我们期待你可以在这个步骤中得到更多的信息。例如：

选择一组词：华丽/简朴。

华丽类词组：漂亮的、灿烂的、高傲的、装饰的、错综复杂的。

简朴类词组：明快的、干净的、未装饰的、整洁的。

你的情感回应：我喜欢“简朴”，它让人感到平静。简朴的设计可以让你的眼睛放松，而且给人一种平衡的感觉等。

想象你的眼前有一些具有华丽或简朴特征的物品，可以对它们展开描述：

华丽类词组：厚重的材质、色彩缤纷、非常有手感的、装饰过的痕迹很明显、设计复杂、图案感很强、繁复的结构等。

简朴类词组：清晰的线条、单一而明亮的色彩、简单的组合让目光可以顺畅地从一端扫到另一端、平滑的表面处理等。

第三步：概念的形象化。

在现实生活中寻找可以与词语相对应的物品，拍下照片，作出拼贴草图或纸质模型。

例如华丽/简朴：华丽，可以找到一些绣花面料、浮雕相框、蕾丝、景泰蓝制品、一块珊瑚、皇冠等（图2-1）；简朴，可以找到骨头、鸡蛋、太极图、立方体等（图2-2）。

从以下几个方面来研究这些样本：

（1）哪些特点可以体现这个词？

（2）如何知道所描述的特点与所选择的词相关（例如：怎么知道刺绣是华丽的）？

图2-1 华丽感觉的图片

图2-2 简朴感觉的图片

（3）为什么认为鸡蛋是简朴的？

（4）对这些形象进行分类的依据是什么？

（5）样本之间是否有内在的联系？

（6）我与这些样本有什么样的关系？

（7）样本的色彩特征是什么？

把样本、照片、模型和画出的图放在桌面上，反复比较和分析，找出最具有代表性的样本。通过自己的调查，发掘出个人的视角，这将使你能够形成独特的并且是原创的想法。这就是原创的来源之一。

充分发挥你的想象力，放飞你的思绪，并且记录下任何脑海中浮现的东西。它把我们从文字思维中解放出来，使我们的形象思维能力得到释放，有助于形成原创艺术形象。

第四步：设计。

根据你的调查分析，选择让你觉得最满意的模型或图片，思考如何将这些东西用一件作品表达出来。把你挑选的组词及其寓意、象征、形象等，融入作品中。由于艺术设计都是主观的产物，设计过程就是一个从客观呈现到主观反映的过程。这一点，我们可以从毕加索著名的公牛图的演化过程窥其真容（图2-3）。

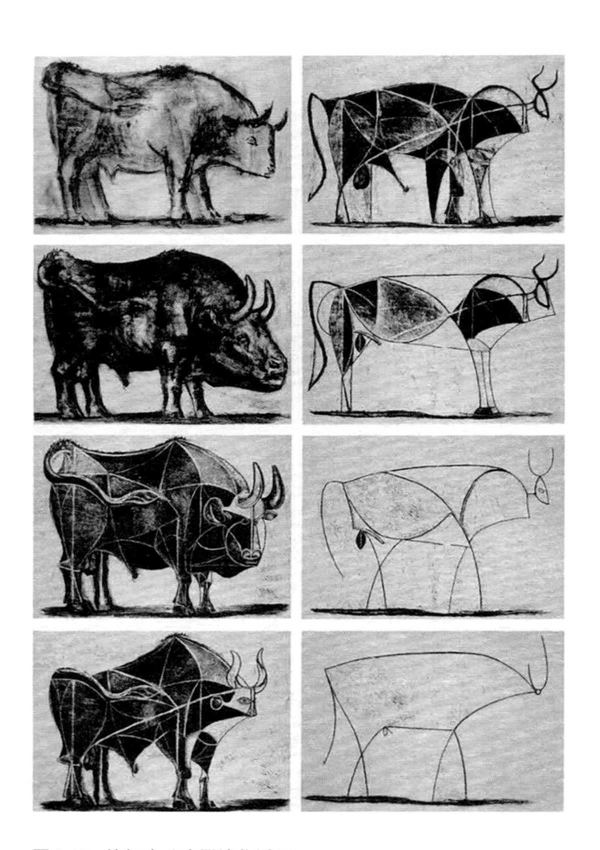

图2-3　毕加索公牛图演化过程

第五步：成品制作。

综合运用多种工艺，制作成品。在作品投入实际制作之前，需要通览一下技术问题。要特别注意作品的大小、重量、结构、灵活度、佩戴方式及材料的加工度等问题。根据制作工艺的先后顺序，来制定加工制作步骤。充分考虑每一个制作细节，做好备案，以保障制作过程顺利进行。

下面，我们再通过一个设计实例，来阐述如何在首饰设计中直截了当地表现概念。

2.设计范例二

这是一套项饰作品，名为《想吃》，佩戴部位为脖颈，辅助佩戴方式为牙齿咬合。显而易见，作品概念与食品有关、与吃有关。作者想要表达的概念就是：我爱吃棒棒糖、我无法摆脱吃棒棒糖的渴望！

一方面，棒棒糖自身甜甜的味道通过味蕾刺激大脑神经，带来非凡的愉悦感。另一方面，在吃棒棒糖的时候会有一根细棍露在嘴外，就跟大人抽烟一样，这在儿时的作者看来，是很酷的动作造型。

在设计的初期阶段，作者直接从棒棒糖入手，调研了棒棒糖的种类和特点，并绘制了一些设计草图，但是迟迟没有找到自己想要的那种特别的感觉。后来，调整思路，考虑到“吃”必然与嘴有关，所以重新绘制的设计图均围绕嘴来展开。如何表达被棒棒糖束缚的感受呢？作者联想到囚犯的枷锁和牲畜的牵拉绳，是的，作者感觉到，自己仿佛就是被棒棒糖“囚禁着”“奴役着”，长达二十多年！通过对相关枷锁和牵拉绳的调研，分析特点并抽象转换，完善了设计稿（图2-4）。

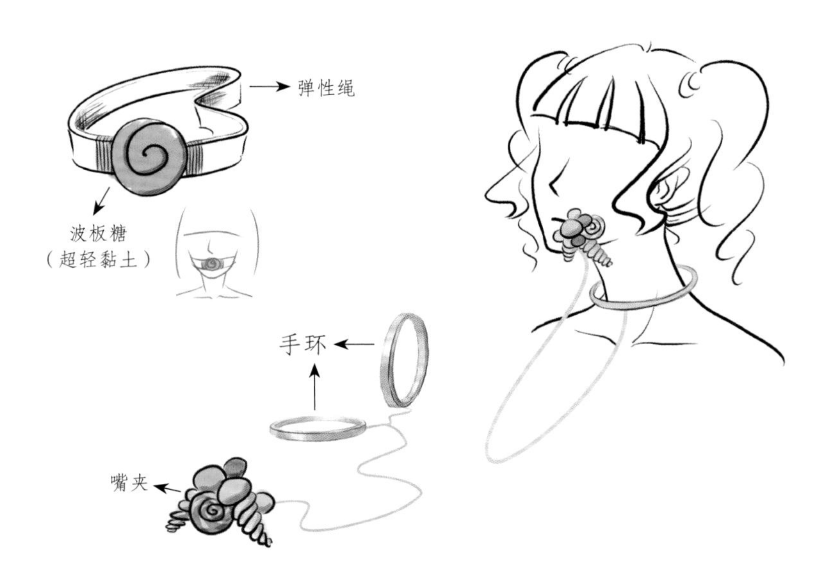

图2-4 项饰《想吃》的设计草图

作者：范湘

最后确定作品的款式为项饰。我们看到，这件作品中，"糖"一嘴一脖颈一项圈一绳一"糖"，正好形成一个循环，这个循环是作者和棒棒糖之间关系的循环，是作者对棒棒糖念念不舍的鲜明写照（图2-5、图2-6）。

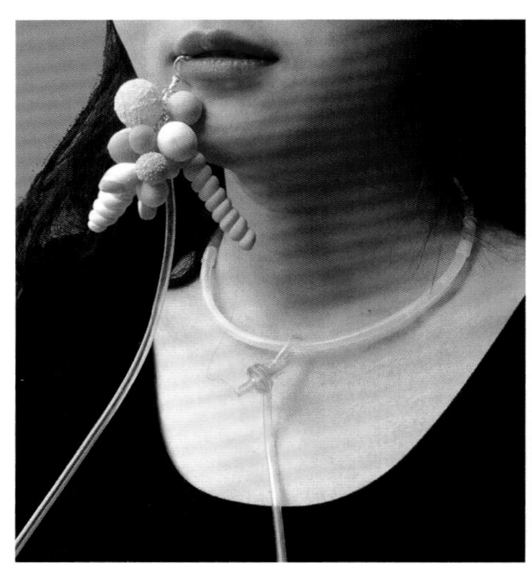

图2-5　项饰《想吃》的实际佩戴图

作者：范湘

图2-6　项饰《想吃》

作者：范湘

材质：超轻黏土、银、塑料

 从工艺开始：新工艺首饰

传统的首饰制作工艺非常多样，比如：金银错工艺、失蜡铸造工艺、锻造工艺、錾花工艺、花丝工艺、珐琅工艺、宝石镶嵌工艺、宝石琢型工艺、金珠工艺，等等。这些工艺大多与某一种或多种特定的材质联系在一起，经过长期的发展，形成了具有特定美感与表面肌理的工艺美。

在现代的首饰设计语境中，尽管“工艺美”依旧存在，但它已然不再是首饰设计师们追求的唯一目标。

1.钩针编织工艺的引入

在当代原创首饰设计中，不同制作工艺的加入屡见不鲜，利用钩针编织工艺来设计制作首饰的例子也是较为多见的。钩针编织是创造织物的一种方式，通过一支钩针即可将棉线编织成一片织物，进而将织物组合成装饰片、日用品、服装、家居饰品等。

钩编技法灵活多样，故而，将钩针编织工艺引入现代首饰设计中，总是处于推陈出新的状态，创作的自由度极高。

这里介绍一个运用钩针编织工艺进行首饰设计制作的案例。本案例的作者发现，20岁这个年龄阶段的人群通常具有活泼、叛逆、好奇心强、个性较强等特点，所以，作者在设计上分别从仙人掌的造型、生长结构、颜色进行解析。造型方面考虑的是造型要饱满，体现该年龄阶段人群活泼、富有张力等特点；生长结构方面主要考虑不同个体形态的穿插、融合与叠加；色彩方面，这个年龄阶段人群比较活泼，所以颜色上可以采用比较丰富的搭配，如撞色、色相上跨度较大的色彩组合等（图2-7）。

在佩戴方式方面可以考虑形式较为活泼、轻松的项链、吊坠、耳钉、脚链、手链等。

这套《仙人掌》系列首饰作品，作者选择用项链的形式来设计。

在材料的选择上，由于20岁人群较为注重材料的手感与心理暗示，喜欢艳丽时尚的色彩，故而，作者选择棉线、纤维、PU等合成材料来钩花。此外，由于该年龄段的人群通常经济尚未完全独立，所以不能使用太昂贵的材料来制作首饰。作者最后选

图2-7　钩花造型组合装配实验过程图

作者：陈嘉慧

择用柔软的丝线为材料，运用创新的钩花工艺制作形态各异的仙人掌造型，表现了年轻人的性格特点（图2-8）。

图2-8 项饰《仙人掌系列》

作者：陈嘉慧

材质：银、梭编棉蕾丝线、棉线

2.解构工艺

解构，是后结构主义提出的一种批评方法，原意为分解、消解、拆解、揭示等。

在当代首饰艺术的创作中，解构的手法屡屡被使用。下面的这个案例（图2-9），即是作者对传统花丝工艺的一种解构，使得具有工艺美的花丝工艺失去了既定的加工程序和视觉印象，赋予花丝工艺某种观念性。

作者第一次见到花丝饰品的时候，被它表面均匀却自然的肌理所吸引。于是，作者沉迷于花丝工艺的研习而乐此不疲。在学习花丝最初的几年里，作者复制和模仿了许许多多的传统样式（包括宫廷花丝和民间花丝样式）。

作者在重新思考花丝工艺在现代首饰设计中的价值之时，开始着手传统花丝工艺材料、造型与肌理的创新实验。作者把自己先期的花丝作品进行翻制，这样，留下的

图2-9　花丝翻模实验

作者：李颖臻

只有花丝最迷人的部分，也就是花丝的纹理。如此这般，似乎就可以降低传统花丝工艺带给人们的“贵重感”“繁复感”和“精致感”，从而减少了传统花丝工艺带来的心理干扰。可以说，作者对传统花丝工艺成功地进行了解构（图2-10）。

对工艺的解构并不是对原有工艺完全的脱离和嬗变，而是对原有工艺的一种再创造。

系列耳饰作品《花丝面》是对传统工艺认知的一种抽离，并形成一种新的概念，这种概念可以是一种对材料呈现的纹理美的追求，也可以是对传统工艺的一种“破而再立”。

图2-10　吊坠、耳坠《花丝面》

作者：李颖臻

材质：银、珐琅、玉石

3.新技术的介入

近年来，电脑技术日新月异的发展极大地拓展了工业设计的可能性，在首饰设计与制作领域，电脑技术的介入是大势所趋。从客观上讲，电脑技术为当代首饰设计与制作打开了一扇新的窗户，它给首饰艺术家的设计与制作带来了更多的可能性。

电脑参数化设计与3D打印技术的出现，极大地解放了首饰艺术家的大脑和双手。通过电脑参数化设计与3D打印技术，现代首饰艺术家几乎可以把任何传统首饰工匠无法想象的首饰造型和结构制作出来。对于当代首饰艺术家来说，似乎只有想不到的，没有做不到的。

下面试举一例，作者充分利用电脑参数化设计与3D打印技术的优势，准确而又精致地表现了自己的设计概念：通过对自然生物本源的研究与探讨，来寻求新的事物或生命。

在这个项目中，作者提取榴莲的生长规律，呈现出依附母体生长的“新生命”。最终，首饰成品所带来的视觉与触觉的双重感官刺激，充满矛盾与争议，表达了一种“自我保护”的状态，如同榴莲充满攻击性的外表下隐藏着的柔软与甜腻（图2-11）。

榴莲是一种造型怪异、味道充满矛盾的热带水果，闻起来臭，吃起来香。有人爱

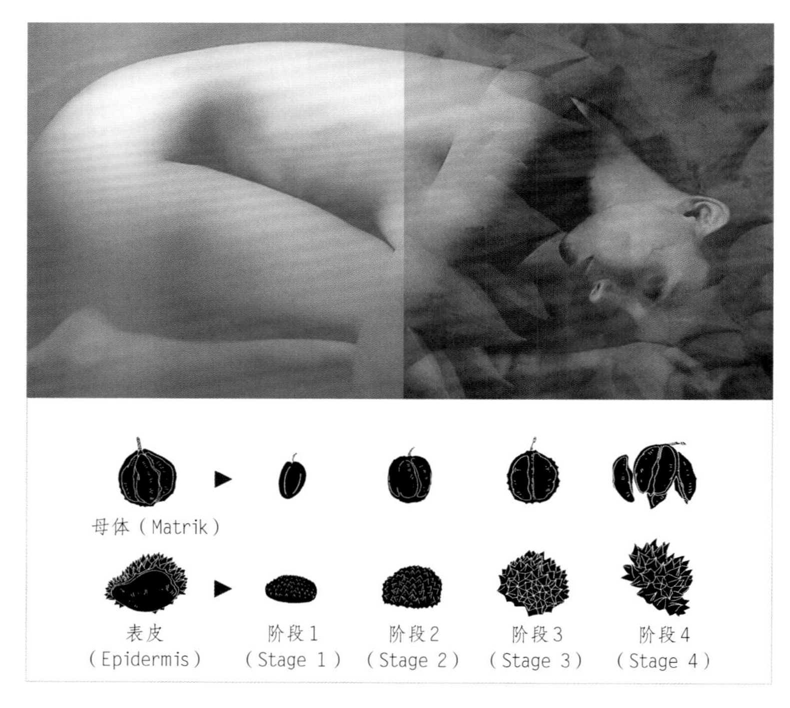

图2-11 胸针《榴莲》系列灵感分析图

作者：李丹青

之，有人嫌之。榴莲的外表带给作者的是视觉与触觉的双重刺激，这种双重刺激充满着攻击性。

同时，榴莲也引发了作者对首饰艺术的思考。首饰艺术比较注重作品与佩戴者之间的关系。首饰与佩戴者之间是一种依附和保护、交流和互动的关系，如同榴莲表皮与母体的共生状态。

首饰在传达女性柔美信息的同时，也传达出女性的刚强、自我保护与防御的状态，如同榴莲尖锐的、充满攻击性的表皮。

可见，在这个首饰系列的创作中，作者探讨的是首饰与人的关系。

作者认为，自然界生命的背后都隐藏着数学的规则，这些数学规则像是某种有机密码，掌握着万物的寂灭与轮回。同时，数学的规则又使万物呈现出千差万别的外貌特征。榴莲的生命过程也是依靠着这种玄妙的数学力量。

于是，作者把电脑参数化设计方法运用到这套首饰的设计之中（图2-12）。参数化设计的创造正是源于这个极其简单的自然规律，通过电脑数值模拟自然环境的调控，从而自动生成物体形态。

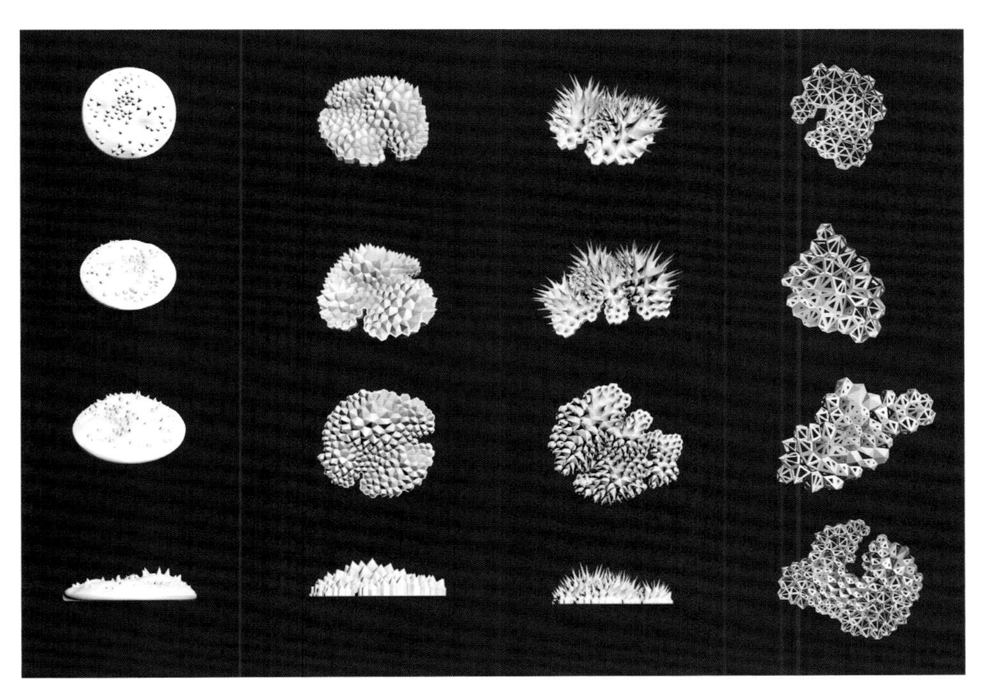

图2-12　胸针《榴莲》系列电脑模型设计图

作者：李丹青

不得不说，这是一个奇妙而美丽的过程。过程中的每个阶段都可生成无数种形态，而最终呈现的那一个形态，则全由参数化设计的自身规律来定夺。这就是参数化设计的奇妙所在（图2-13）。

图2-13　胸针《榴莲》系列

作者：李丹青

材质：光敏树脂、银、铜

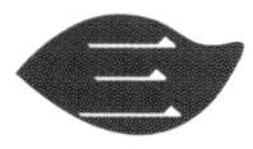 从材料实验开始：新材料首饰

新材料在当代首饰的设计与制作中一度大量涌现。一方面，新材料能唤醒人们的好奇心，引发人们的兴致；另一方面，对既定材料进行个性化的改造和实验，也能够获得全新的、不同于原有的视觉效果，虽然它只是在材料的再造方面大做文章，但这也相当于开发了一种"新"的材料，正所谓"老材料、新面貌"。

1.原材料的实验

在选材方面，当代首饰几乎没有禁忌。常见的当代首饰材料有：金、银、人造宝石、贵重宝石、半宝石、木材、树脂、纸黏土、雕塑黏土、纸、皮革、塑料、紫铜、黄铜、青铜、白铜、铁、硅胶、海绵、面包、糖、棉线、铁丝、铝箔、泡沫、牙签、蜡、植物种子、意大利面、透明胶带、柠檬、瓦楞纸、墨鱼骨等（图2-14）。

图2-14　材料实验：对材料进行加工和再造

现代首饰的设计，有纯粹以材料实验作为设计起点的做法，在这样的案例中，材料实验不仅是首饰的起点，同时，材料实验也是作品成败的关键！

在开始材料实验之前，我们可以对材料进行一番思考。可以把材料的名称写下来，询问自己每一种材料带给我的感受是什么，这种对直观感受的直接描述，实际上是一种对材料的基本状态的感性描述。

接下来，我们可以对材料进行各种各样的加工与再造。可以把对材料进行加工和再造的方法归纳如下：熔融、切割、弯曲、锤打、锉、缝、涂装、烘干、染色、腐蚀、抛光、打蜡、铸造、雕刻、焊接、铆接、电铸、模塑、雕塑、织造、编织、碾轧、打结、砂磨、撕裂、层叠、烘烤、煮沸、燃烧、湿润、浸泡、压碎、压皱、3D打印、激光切割等（图2-15）。

图2-15　材料实验：对材料进行加工和再造

我们还可以把一个较为简单的形态（如英文字母“N”字型、“E”字型、圆柱型、圆圈、金字塔型等）作为基本造型，选定造型后，使用不同的材料和与之相适应的加工工艺，来对材料进行加工与再造（图2-16）。

图2-16　材料实验：用不同的材质来表现相同的造型

2.成型材料的实验

在首饰制作材料中，既有原材料，如：黄金、白银、钛、各种宝石原石等，也有成型材料，如：线材、板材、片材、管材等。

实践中，我们也可以把一些具有一定造型的基础模件作为首饰设计制作的基本元素，经过重塑或再创造，构建符合自身要求的首饰作品。下面这套首饰，就是利用乐高模件（一种具有规定造型的型材）来设计首饰的典型案例。

通过观察，该案例作者发现，现代都市生活场景的色彩都十分的艳丽丰富，现代建筑和消费品的结构都呈现出一种模块化的感觉，它们就好像是一堆积木进行拼装组合的产物。

乐高模件进入了作者的视野。首先，与其他种类的玩具相比，乐高具有十分鲜艳多样的色彩，这使得乐高模件具有时尚感。其次，乐高的拼插或者组建方式是通过不停地拆分与组合，模拟和再现各类形象，其手法变化万千，其材料具有模块化的特征。这一点与这套首饰的主题是比较契合的（图2-17）。

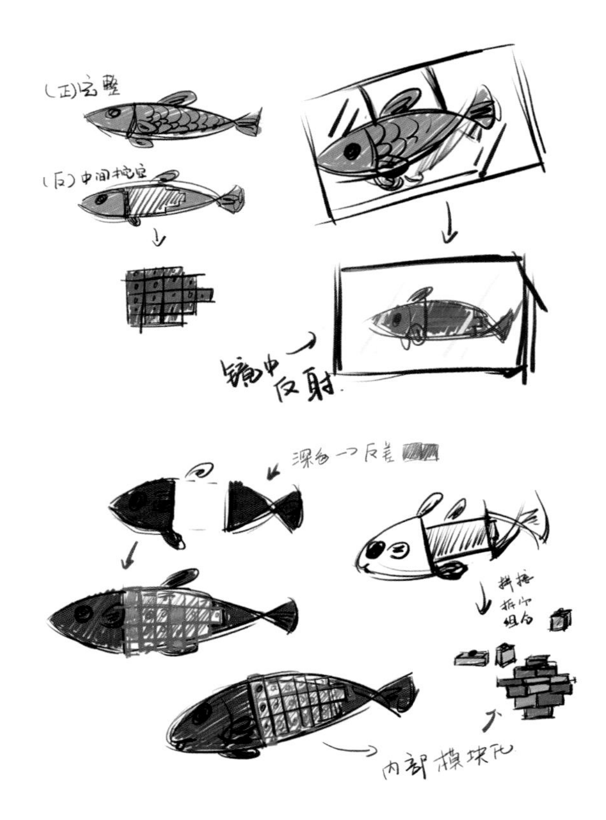

图2-17 设计草图

作者：史玮璇

这套作品的外观，作者选择了鱼虾这种有机生物的形象，而非无机物。

在这个系列的首饰作品中，其中有一件作品比较特别，在这件作品中，作者把乐高模件安排在了作品的背面，乐高模件被遮挡，观者无法第一眼就观察到乐高的存在，需要稍微倾斜观察角度，才能从作品主体后面的镜子观察到乐高模件的存在。作者想通过这种独特的设计来告诉大家：千万不要始终站在固定的角度去解读他人，换个角度或许可以改变原有的看法，从而发现更为有趣的东西。此外，这种在作品主体的背面安装镜子的设计也暗喻我们需要时常自我审视（图2-18）。

图2-18　胸针《鱼与虾系列》

作者：史玮璇

材质：银、乐高模件、镜片、钢丝

3.现代工业新型材料

应用到当代首饰中的所谓现代工业新型材料主要是指声学、光学、电学或智能材料等。

下面是一个使用声、光、电材料来进行首饰设计制作的典型案例（图2-19）。作者意在通过这套作品来揭示“内在表达与外在表现”，所谓“内在表达”，指的是对自我认知的深度剖析，而“外在表现”则是对声、光、电材料的研究实验及合理运用。

图2-19 身体装饰《限度》

作者：谢雯欢
材料：紫铜镀镍、光纤、LED灯、纽扣电池、导电纯铜丝、纺织品

在开始作品设计之前，作者为了获得关于“外在的我”的相关信息，做了一次调研。结果显示，在大多数人的眼中，作者是一个“有框架的人”，换言之，作者平常的所作所为是有节制的。

基于这种认知，作者进一步分析，自己的“框架”实际上是一种“自身设限”。但她并不认为这种自我设限是一种束缚，相反，那是她身上的闪光点。

也许，往好的方面想，这种限度反而能让大家看到她的严谨和认真。于是，作者选择用“光纤”来表现这种限度（图2-20）。

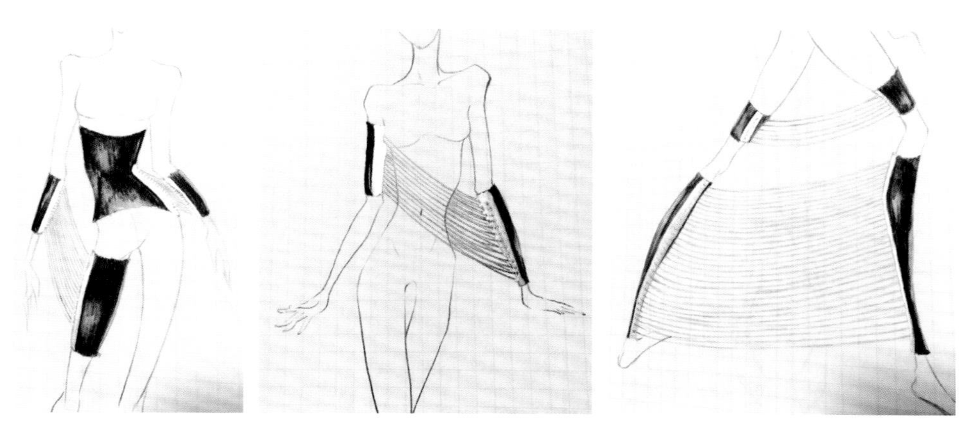

图2-20　身体装饰《限度》设计草图

作者：谢雯欢

接下来确定饰品的佩戴部位，也就是确定了受限的身体部位，表达了两者之间的受限关系，即：小臂与大腿之间、上臂与小臂之间，以及两腿之间。针对这几个部位，用弹力材料建立连接，然后制作光纤与面料之间的连接点，最后把光纤、LED灯进行连接，并安装电池，完成作品的制作（图2-21）。

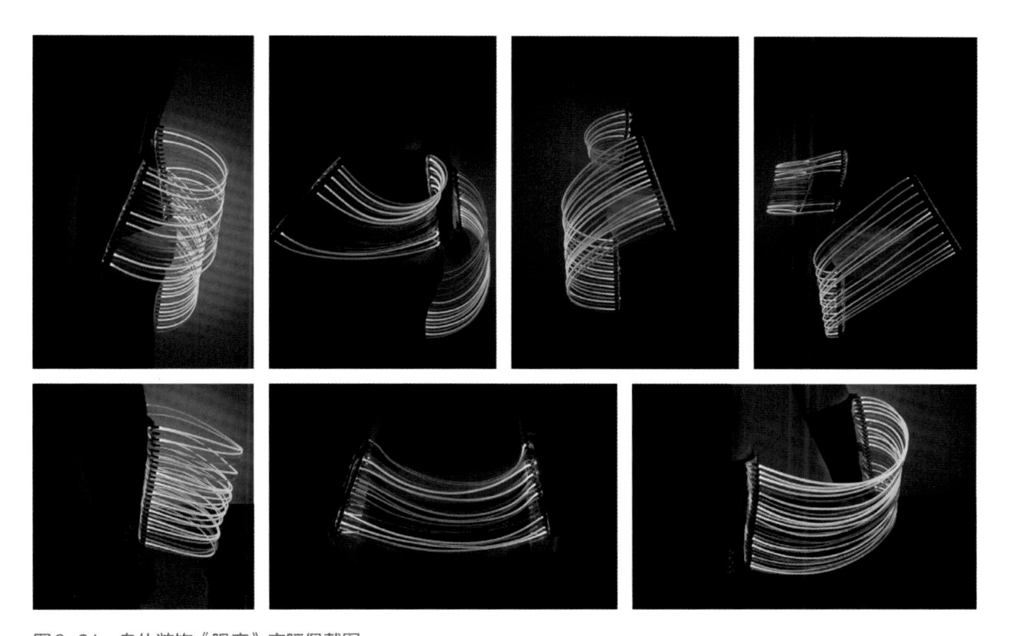

图2-21　身体装饰《限度》实际佩戴图

作者：谢雯欢

四 原创首饰作品赏析

本节展示的原创首饰作品从概念、材料与工艺的方面，呈现了原创首饰设计方法的多样性（图2-22～图2-34）。

图2-22 项饰《土豆》

作者：艾琳·弗洛格曼（Elin Flognman）
材质：紫铜镀金、黄铜、皮革
尺寸：20cm×45cm×5cm

图2-23　项链《红蔷薇》

作者：吉万·阿斯特法克（Jivan Astfalck）

材质：925银、黄铜、石榴石、蓝宝石、紫晶、红宝石

图2-24 胸针《Garda湖的微波》

作者：赵祎

材质：925银、木头、漆

尺寸：9.8cm×6.7cm×1.6cm

图2-25 胸针《爱就是爱》

作者：贾娜·玛查托娃（Jana Machatova）

材质：银、珍珠、明信片、金箔

尺寸：8cm×6cm×1cm

摄影：贾娜·玛查托娃

图2-26　头饰《鹊桥》

作者：陈彬雨

材质：钻石、银、木材、金箔

尺寸：12cm×26cm×6cm

图2-27　项饰《美丽的城市》

作者：安妮莉丝·普兰泰特（Annelies Planteydt）
材质：金、钽、颜料
尺寸：24cm×18cm（左）、27cm×18cm（右）
摄影：维美特（Vermet）

图2-28　项饰《无题》

作者：斯蒂法诺·马切蒂
材质：黄金、银、四分之一银
尺寸：30cm×20cm×5cm

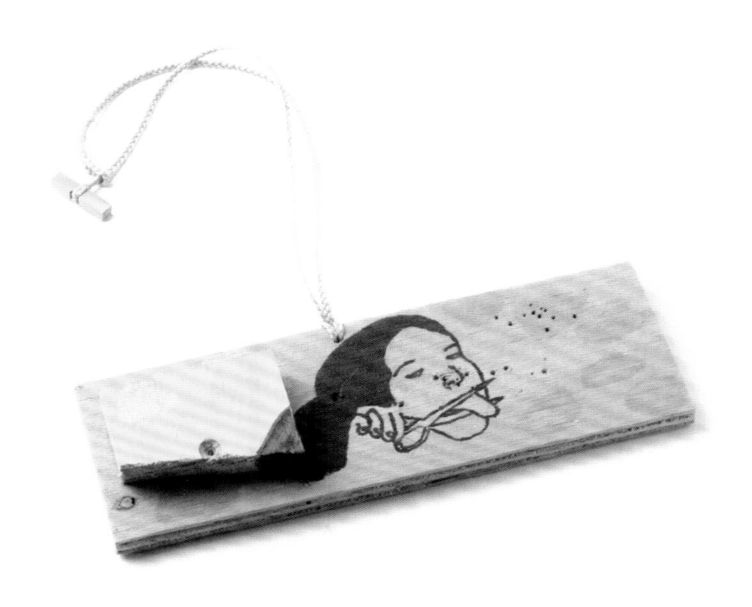

图2-29　项坠《谢谢安娜·玛利亚·麦欧利诺（Anna Maria Maiolino）》

作者：丽莎·沃克（Lisa Walker）
材质：木材、丙烯颜料、线
尺寸：20cm×7cm×1cm

图2-30　胸针《小事一桩》

作者：南娜·奥贝尔（Nanna Obel）
材质：银、珐琅、插图、照片、箔纸、树脂漆、描图纸、皮革、丝绸
尺寸：8cm×12cm×2cm
摄影：多特·克罗（Dorte Krogh）

图2-31　项饰《2017笔记》

作者：艾瑞斯·博德梅（Iris Bodemer）

材质：青铜、蓝宝石、橄榄石、水晶、琥珀、电气石、珍珠、海蓝宝石、黄铁矿、玉髓、黏合剂

尺寸：34cm×28cm×2.5cm

摄影：妮可·埃伯温（Nicole Eberwein）

图2-32　项饰《因子增长》

作者：塞巴斯蒂安·卡雷（Sébastien Carré）

材质：日本纸、珍珠、红宝石、珠子、棉花、丝绸、尼龙、碧玉珠串

尺寸：7cm×36cm×2.3cm

图2-33 项链《甲壳虫》

作者：李料宰（Yojae Lee）
材质：青蛙皮、皮革、925银、黏土
尺寸：10cm×12.5cm×4cm

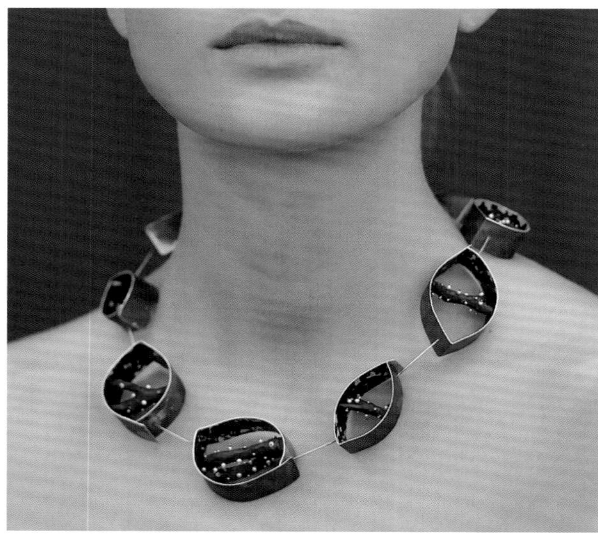

图2-34 项饰《萤火虫》

作者：玛丽亚·罗莎·费兰津（Maria Rosa Franzin）
材质：银、丙烯颜料、木头、珍珠
尺寸：55cm
摄影：希尔瓦诺·隆格（Silvano Longo）

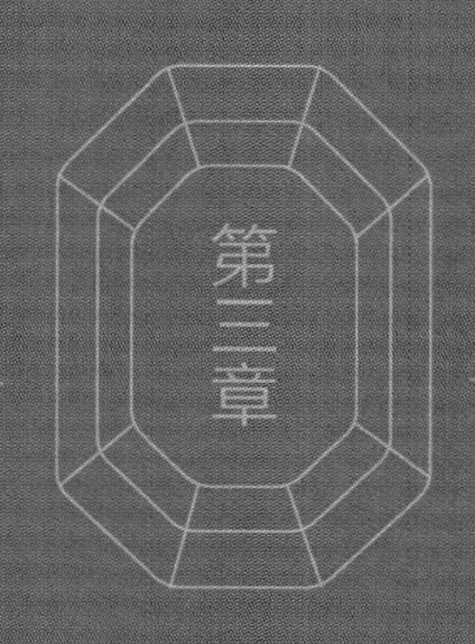

Original Jewelry Design Method

原创首饰设计方法：创意、叙事、新装饰

一 从大开脑洞开始：创意首饰

纵观现代艺术和现代设计的发展历程，五花八门、千奇百怪的创作手法比比皆是。这些脑洞大开的艺术创作手法的确能解放人们的想象力和创造力，天才的脑洞往往都是大得出奇的。在当代的首饰艺术创作中，我们同样可以运用奇特的、具有创意的手法来进行首饰设计与制作。

1.设计范例

下面来看一些脑洞大开的设计教学实例。

范例1　教师发给每个学生一根长约30cm的铁丝，要求学生把双手背过去，在自己的眼睛无法看到的情况下，在身后把铁丝弯折成一把椅子的造型，也就是用铁丝来做一件椅子的线条雕塑。从结果来看，在眼睛无法看到的情况下，学生们做出来的椅子的造型具有随机性。

范例2　教师给每位同学提供一张某种物品（如：桌子、香蕉、房子、轮船等）的照片，要求每位同学根据这张照片，仅用语言来描述该物品的轮廓和结构，但不能说出该物品的名称。大家根据这位同学的描述来画图，最后由负责口头描述的同学说出谜底，并检查哪位同学所画的图最为接近该物品。这个练习用来证明每个人对于“描述”的理解是不一样的。

范例3　教师把所有同学每两人分为一组，发给每组一张白纸，要求每一组同学中的一位用铅笔画一个苹果，在这位同学画图的过程中，同组另一位同学则以各种方式干扰他，从而让这位同学体会在有干扰和限制的情况下画图的感受，并努力排除干扰和限制，将画图进行到底。

2.脑洞大开

教师要求每位同学在一张小纸片上写下一句话，这句话的内容为首饰制作的限制手段，例如：只能使用锤子制作首饰/只用左手制作一件首饰/蒙上双眼制作首饰/把大拇指和食指捆绑在一起来制作首饰/用最大号的锤子制作一枚最小号的戒指/在保持全身湿透的情况下，做一件纸质首饰，要求首饰不能浸湿/用狗毛做一件首饰/和朋友的手交叉着做一件首饰/用纸黏土做一件首饰/不用金属来做首饰/不用小拇指和无名指做一件首饰/不使用任何抛光工具做一件首饰（图3-1）/爪镶一种食物/在游泳池做一件首饰/不花钱做一件首饰/刚起床或在睡前做一件首饰/一边走路一边做首饰（脚不能停下来）/屏住呼吸做一件首饰/砸出一件首饰/只用线条完成一件首饰/只能用锉子做一件首饰/只用锯子做一件首饰/不用焊接，只用冷连接的方式做一件首饰/只用钳子做一件首饰/头顶一个水果做一件首饰/边听鬼故事边做首饰（图3-2）/只用锤子制作首饰（图3-3）/在喝了酒之后（至少一瓶）用茶叶做首饰/蒙住双眼制作首饰（图3-4）/在食指和中指捆绑在一起的情况下制作首饰（图3-5）等文字。把这些小纸条集中在一起，学生抓阄，然后各自按照小纸条上的要求去制作首饰。这是一个探讨“限制性”带来新的“可能性”的典型范例。

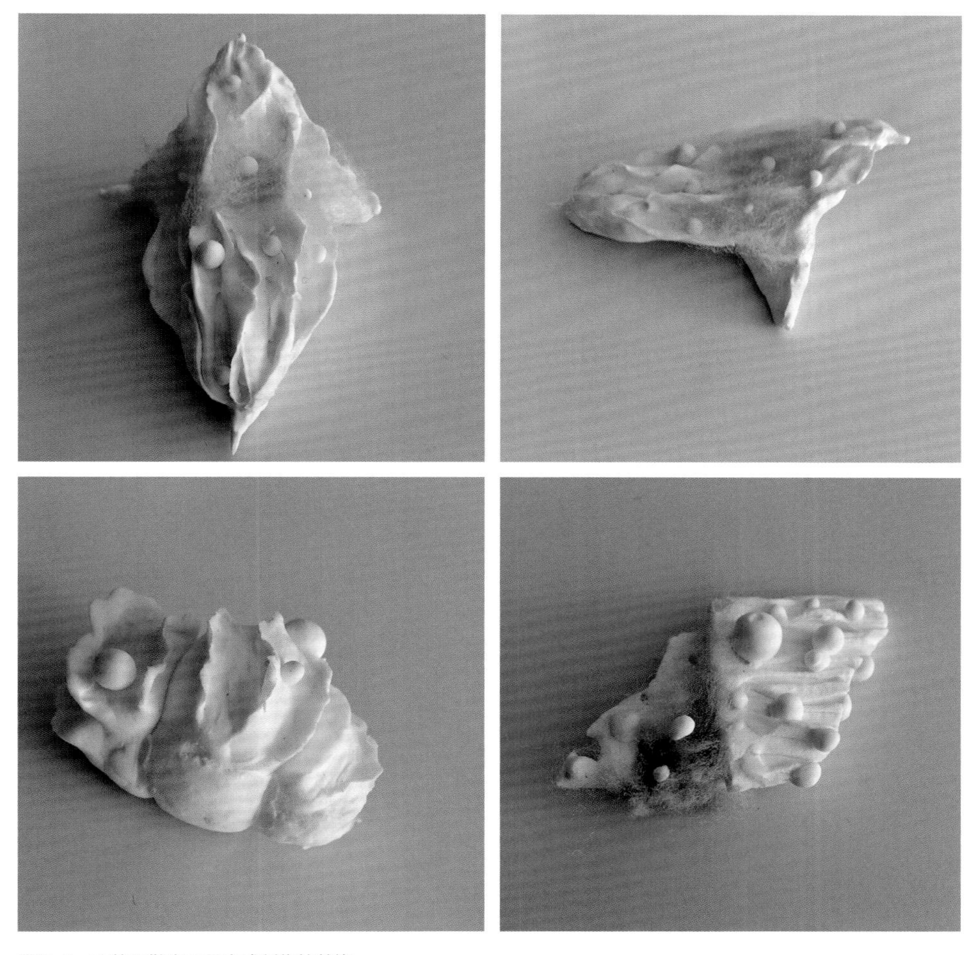

图3-1　不使用抛光工具完成制作的首饰

作者：彭程

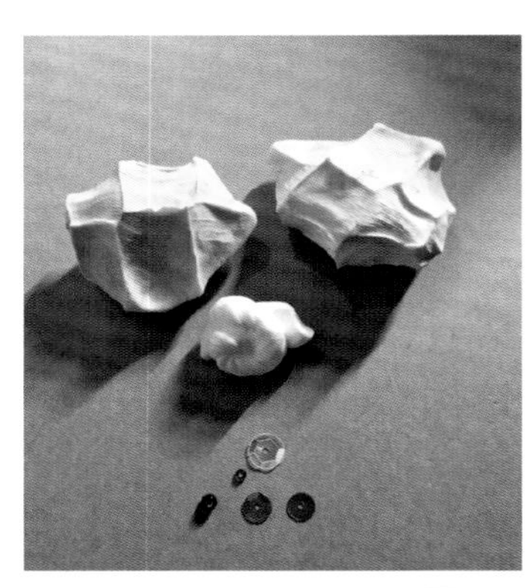

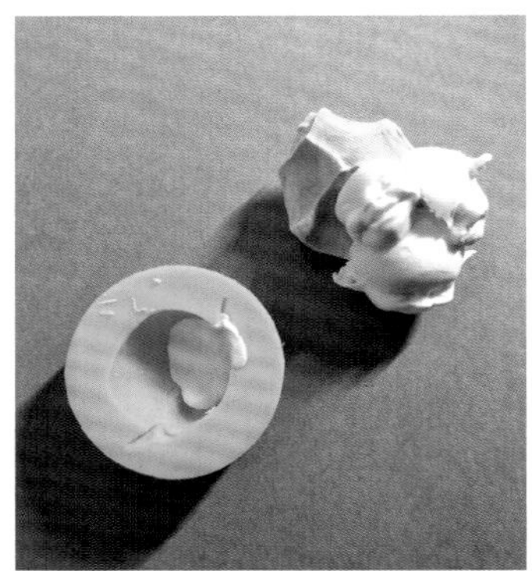

图3-2　边听鬼故事边做首饰

作者：赵雪

图3-3　仅用锤子制作首饰

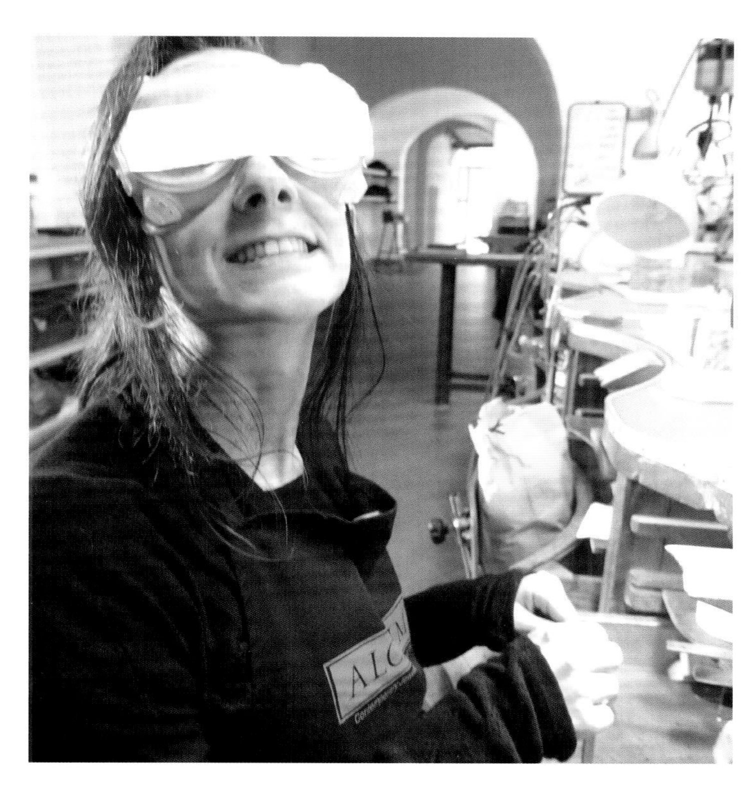

图3-4　蒙住双眼制作首饰

图3-5　在食指和中指捆绑在一起的情况下制作首饰

二 从故事情节开始：叙事性首饰

整体来看，叙事性首饰具有描述的特点，作品通常呈现一种空间感、场景感和故事性。艺术手法大多采用写实性、象征性和意境性的手法。

1.设计范例一

下面这套作品分为四个部分，分别命名为《放逐》《圣母子》《晚餐》和《神圣家庭》。每一部分都讲述了一则家庭小故事。

这四个部分的作品简述如下：

第一部分《放逐》。我们知道，在圣经故事中，亚当（父亲）和夏娃（母亲）偷食禁果，被上帝逐出伊甸园。西方宗教画《出乐园》表现了亚当和夏娃都因此而伤心哭泣的场景。然而，失去乐园的护佑未尝不是一件好事！正是源于这种对禁忌的冒险，后裔（我）才能出生在这个世界上。此后，两个离开乐园的人迎来了三口之家（父亲、母亲与我）的新生活（图3-6）。

图3-6 吊坠《放逐》
作者：宋徐俊男
材质：铜、丙烯颜料、锡纸、相纸、棉绳、磁铁

第二部分《圣母子》。作者小时候十分顽皮，母亲尽管对于照顾孩子一事充满信心，但仍然会有感到无助的时候。即使是圣母玛利亚，有时也需要一本《婴儿手册》来安抚她哭泣的孩子（图3-7）。

图3-7　胸针《圣母子》

作者：宋徐俊男

材质：黄铜、丙烯颜料、相纸

第三部分《晚餐》。作者家中的客厅里，总是摆着自己一家三口的合影照片。对于作者来说，这象征着一种保护和扶持，意味着家庭的幸福（图3-8）。

图3-8　胸针《晚餐》

作者：宋徐俊男

材质：黄铜、丙烯颜料、相纸

第四部分《神圣家庭》（图3-9）。在作者家中，晚餐时的交谈有时会变成争吵。母亲时常抱怨父亲什么都不关心，而父亲则认为母亲总是小题大做。此时，作者会陷入尴尬的境地，什么都做不了，只能保持沉默。

图3-9　吊坠《神圣家庭》

作者：宋徐俊男

材质：铜、丙烯颜料、锡纸、相纸、棉绳、磁铁

在作品的设计过程中，拼贴一直是作者很喜欢的一种设计表现方式，它往往可以在不经意间产生出一些有趣的东西（图3-10）。

在作品的造型确定之前，作者一般不会考虑具体的制作工艺，但会不断设计构思（图3-11）。经过拼贴的方法，作者对作品的形态进行了仔细的酝

图3-10　作品的拼贴设计实验

作者：宋徐俊男

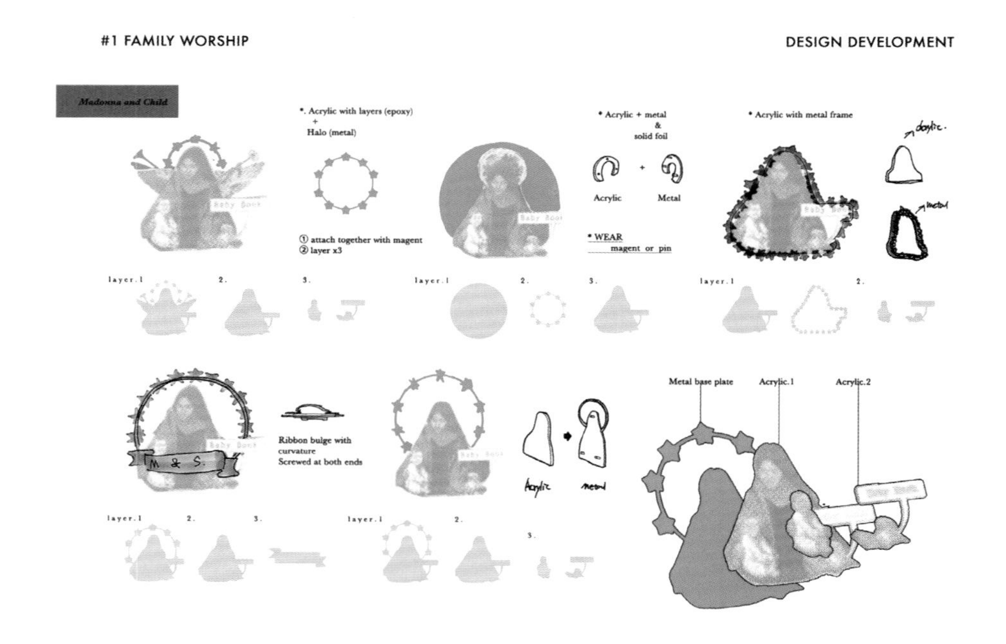

图3-11　作品的设计构思图

作者：宋徐俊男

酿，在获得了基本的作品造型之后，作者才会去考虑即将采用哪种加工工艺来制作。工艺并非首饰设计的决定因素，但是首饰制作工艺与首饰设计之间应该是相辅相成的关系，好的设计能够凸显工艺的精妙，而扎实的工艺则能够给设计提供更多的可能性。

2.设计范例二

名为《殖物图鉴》的胸针作品，它的故事是关于寄生于人体上的异形“植物”。作者发现，有许多植物都是通过“寄生”的方式生存在这个世界上的，并通过“寄生”的方式来扩展自己的生存空间。

作者留意到，当人类在某个区域消失的时候，植物就开始在废弃的建筑中疯狂地、自由地生长，并逐渐对人类原先构造的世界形成破坏和覆盖（图3-12）。在脱离人类干预后，植物展现出强大的生命力和破坏力。

图3-12　植物入侵城市

假如植物不仅入侵建筑，也入侵人体，那么，我们的肉体将会成为植物的殖民地。

作者创造出了几种现实中不存在的、可以对人类构成威胁的“植物”，它们美丽而危险，将人的身体当作生长的土壤，依靠吸取宿主的血液得以存活，在人的身体上开花结果，生命周期将在宿主衰老时到达顶峰。

针对植物的“殖民故事”，作者绘制了设计草图（图3-13）。草图中，植物与动物融为一体，“静态的”植物具备了动物“动态的”生理功能，“静”与“动”实现了

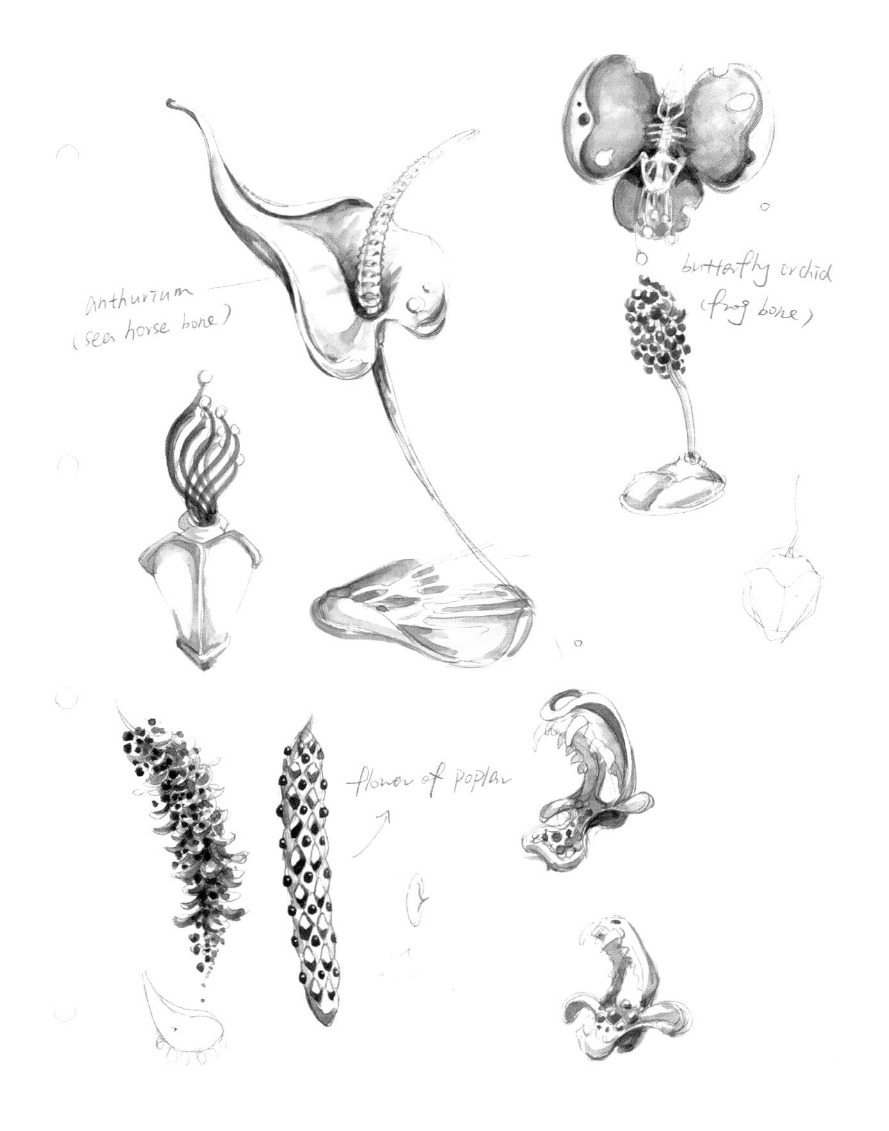

图3-13 胸针《殖物图鉴》设计草图

作者：姚世卿

联结。

骨骼作为支撑肌肉的结构框架，是动物独有的特征。为了表现这种嗜血的异形植物所具有的动物性，作者将动物骨骼标本作为重要素材，打破具象植物形态的限制，创造性地通过对动物骨骼的拆分与重组，将动物与植物的特征结合在一起。

这件作品用海马尾部的骨骼来制作花蕊，将它镶嵌在银质花瓣的中央，使得本来深藏于身体内部的骨骼暴露在外，于是，作品便有了一种诡异的气息和危机感（图3-14）。

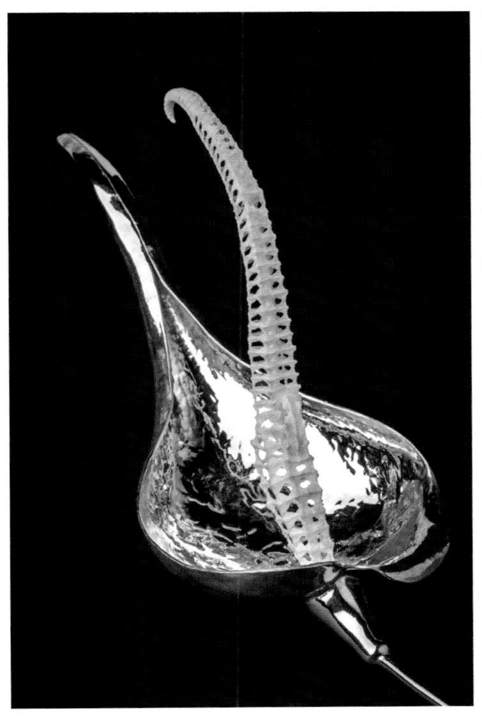

图3-14 胸针《殖物图鉴》

作者：姚世卿

材质：银、海马骨骼

3.设计范例三

《尼伯龙根的指环》（*Der Ring des Nibelungen*）是德国音乐家理查德·瓦格纳（Richard Wagner）作曲及编剧的一部乐剧，讲述的是一个年轻铁匠齐格弗里德的故事。

下面介绍的这套叙事性道具首饰作品由北京服装学院首饰专业的常诗俨创作，指导教师为程之璐。

经过对乐剧《尼伯龙根的指环》的调研，笔者发现，传统道具往往作为戏剧的附属品而存在，必须服从戏剧演出的整体风格，并且只能运用在舞台表演中。由此，作者萌生了为该剧设计一套道具首饰的想法，它既能在戏剧表演中承担道具的职能，又能作为时尚单品在秀场和更多的场合彰显道具首饰本身的魅力。

为了在设计中贴合原剧的精神内涵，作者从剧本入手，分析了每一个道具元素出现的情节背景。通过对故事情节、对白、歌词和音乐元素的仔细分析，解读该道具在剧中承担的精神意义，以及乐剧作者想要用这些道具表达的含义（图3-15）。

成品制作方面运用3D打印技术进行，材质为尼龙搭配金属，以此呈现一种古典与现代相融合的感受。在制作的过程中，作者使用ZBrush、犀牛（Rhino）等3D建模软件，调整和精修作品的有机形态部分（图3-16）。

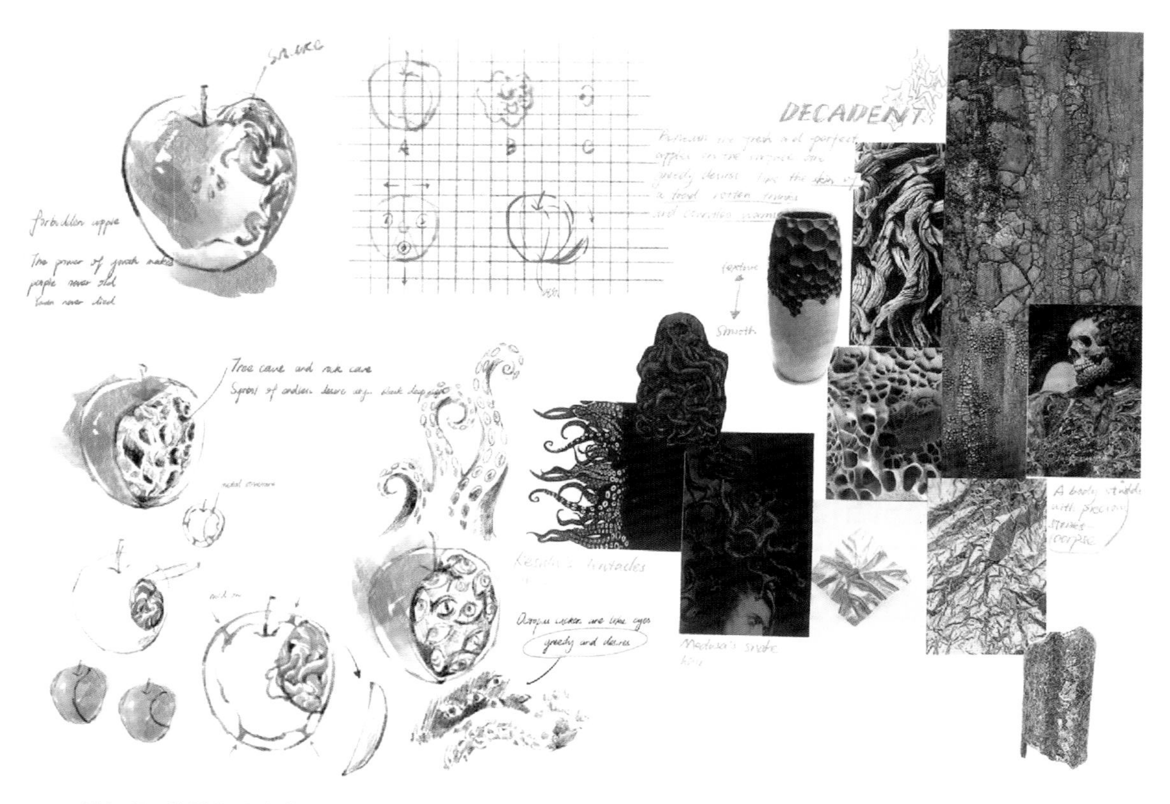

图3-15 作品调研图与草图

作者：常诗俨

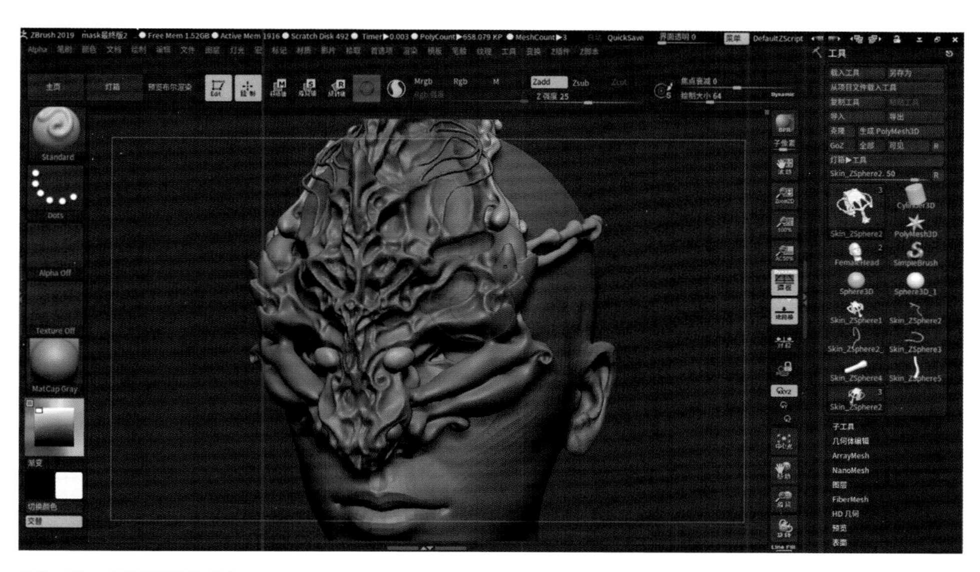

图3-16　电脑建模设计图

作者：常诗俨

结束六件主要道具的设计后，作者运用成品中缠绕的蛇的元素发展出《女神的首饰》系列的时尚衍生品，探索戏剧首饰商业化的更多可能性（图3-17）。

图3-17 《女神的首饰》衍生品

作者：常诗俨

材质：尼龙、银镀金

除了传统的佩戴在身体上的方式之外，这一系列道具首饰中还有静态款，专供展台陈列之用。比如，《契约》就是一件静态装置作品（图3-18），它以叙事手法记录了剧中沃坦与法弗纳兄弟的劳工合约，其中，象征契约的矛枪标志与《矛枪》的外形设计遥相呼应（图3-19），也可当作项链而被取下来佩戴在人的身上，保留了首饰的佩戴性功能。《矛枪》上的头像也可以运用于戒指的设计中（图3-20）。

图3-18　项链、装置《契约》

作者：常诗俨

材质：尼龙、银镀金

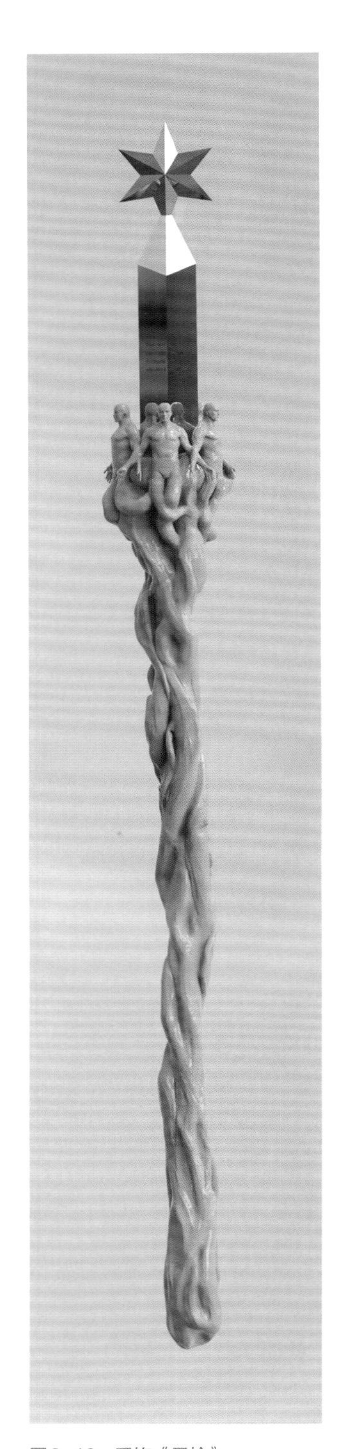

图3-19　手饰《矛枪》

作者：常诗俨

材质：尼龙、银镀金

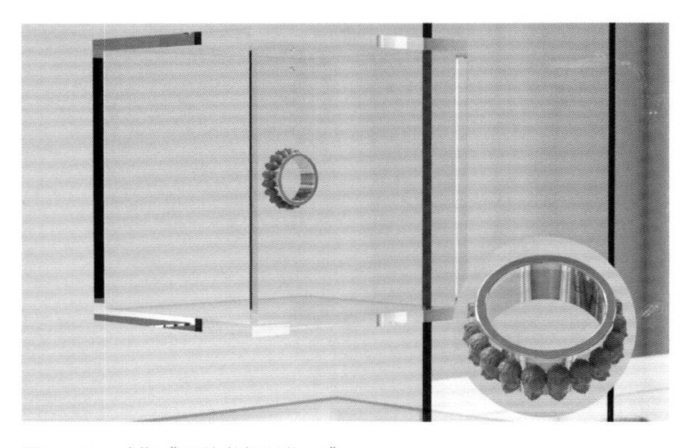

图3-20　戒指《尼伯龙根的指环》

作者：常诗俨

材质：尼龙、银镀金

作者运用keyshot软件搭建了一个具有古典风格的雕塑展示平台，将首饰佩戴在人体雕塑的模特身上，通过动画渲染，营造一种充满戏剧感的展示场景，带给观者一种古典与当代、神秘与典雅、凝重与飘逸的审美情趣（图3-21～图3-23）。

图3-21 胸针《权力的黄金》
作者：常诗俨
材质：尼龙、银镀金

图3-22 头饰《头盔》
作者：常诗俨
材质：尼龙、银镀金

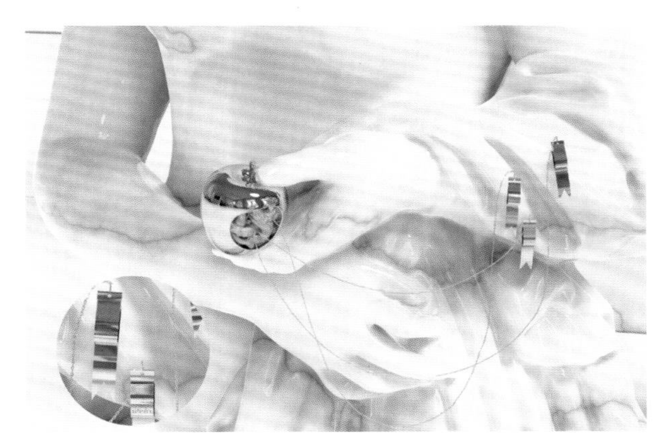

图3-23 胸针、道具《金苹果》
作者：常诗俨
材质：尼龙、银镀金

三 从纯粹装饰开始：新装饰首饰

新装饰主义与传统装饰最大的不同就在于“装饰观念”，传统的装饰只是一种美化的手段，是“为了装饰而装饰”，是无意识的、习惯性的，与设计思想无关。而新装饰主义的装饰，却是一种新的设计观念，它以装饰作为自己的艺术思想和创作手段，是有意而为之，是主动性的，是“为了观念而装饰”。

1.设计范例一

凤凰是中国神话故事中的一种灵物，佛经中提到的迦楼罗(一种超级大鸟)就是中国凤凰的原形，凤凰在火焰的煎熬和痛苦的考验中获得重生，这种煎熬能使其羽更丰、其神更髓（图3-24）。

而这种从死亡到不生不灭的永生过程，佛教中称为“涅槃”，它体现了佛教的哲学思维和对生死轮回的一种看法。本套作品以“涅槃”为主题，以此寓意不畏艰难、净心自性、超越自我的精神。

图3-24 凤凰纹样收集与对比

作者依据凤凰翅膀的形态绘制了一系列展开的双翅造型，并运用镂空的手法，制造留白空间，使“虚空间”的效果得到巧妙发挥。

头饰与手镯的设计采用了中国传统图案装饰形式，通过有限的空间形成紧凑和精致的视觉效果，以此来表现无限的意味（图3-25）。

在模型的制作方法方面，首先用纸黏土制作模型，并对模型进行拼装结构实验，使首饰的初步效果得以呈现（图3-26）。

图3-25　首饰作品《涅槃》设计草图

作者：李昀倩

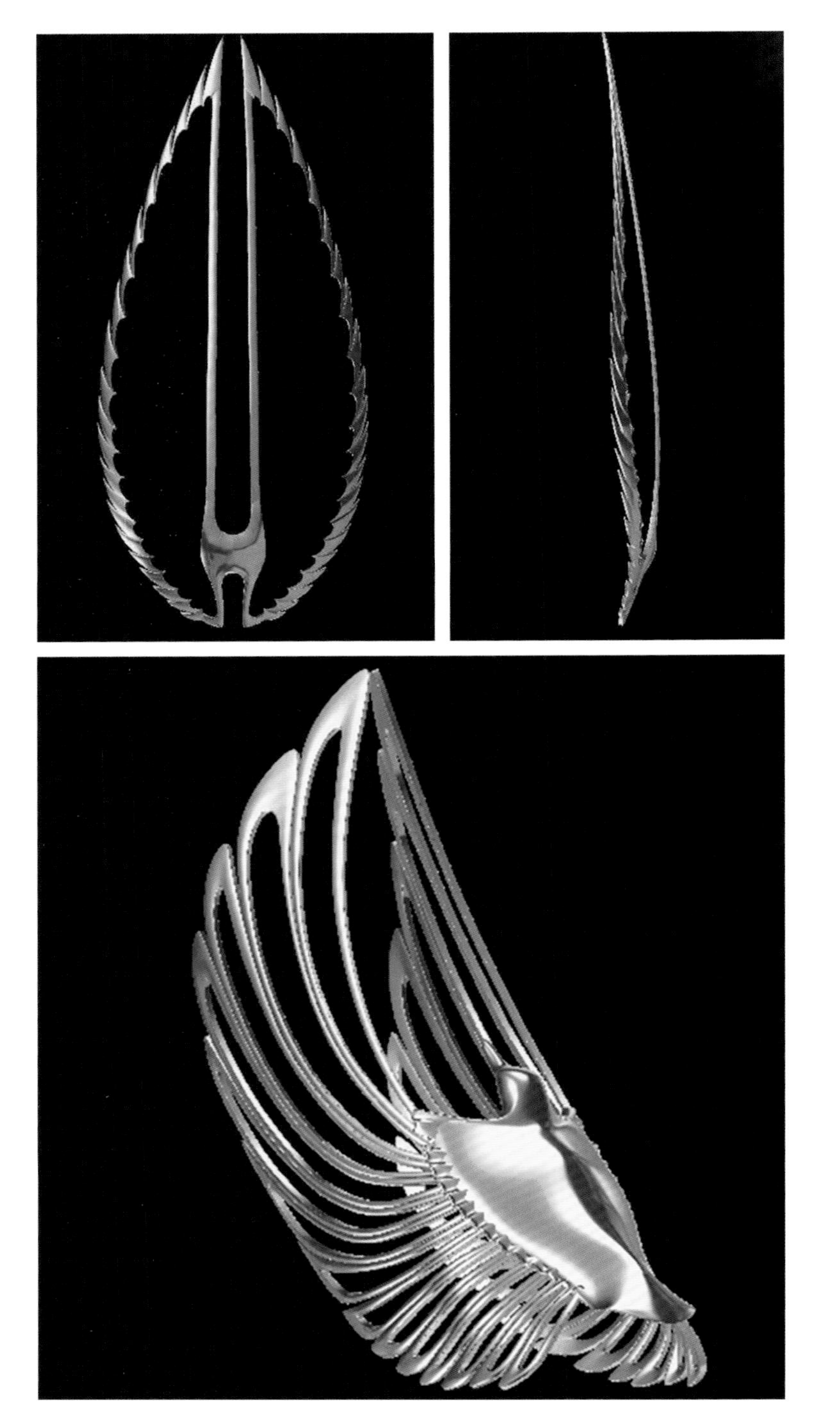

图3-26 首饰作品
《涅槃》电脑模型图

作者：李昀倩

为了把这套作品的主体造型更有力地烘托出来，在模型渲染和实材色彩的运用方面，选择了佛教中的吉祥色——金黄色。这是火的颜色，使整套首饰的色调变得十分鲜亮，给人强烈的视觉冲击感，体现出精致、大气与庄重，具有十足的仪式感和宗教意味（图3-27）。

图3-27　头饰、手镯《涅槃》

作者：李昀倩

材质：黄铜镀金

2.设计范例二

下面这套以纯粹装饰作为设计起点和终点的首饰作品，它服务的主题对象是“宫廷糕点”，即作品的设计灵感源于18世纪的法国糕点（图3-28）。

作者对每一个设计元素都反复斟酌（图3-29），如用红色的半圆形来表现鲜嫩多汁的草莓、用明亮的色漆来增加果浆的真实感和光泽感等，繁复的造型基本符合法国宫廷洛可可的装饰风格和审美趣味。

作者在敷色材料方面颇费了一番功夫。作者多番实验之后，发现丙烯颜色易于调制，色彩饱和度高，干燥速度快，还有一定的防水效果，其涂层可薄可厚，所以最终选定丙烯颜料来给首饰敷色。

这套首饰作品以糕点作为创作主题，侧重于色彩和造型的装饰表达，通过点、线、面的综合运用，表现了糕点艺术带给人的旺盛食欲感。

作品呈现夸张、绚丽、精致繁复的装饰风格，给人甜美而又不失奢华、时尚的视觉与味觉享受（图3-30）。

图3-28　法国宫廷糕点

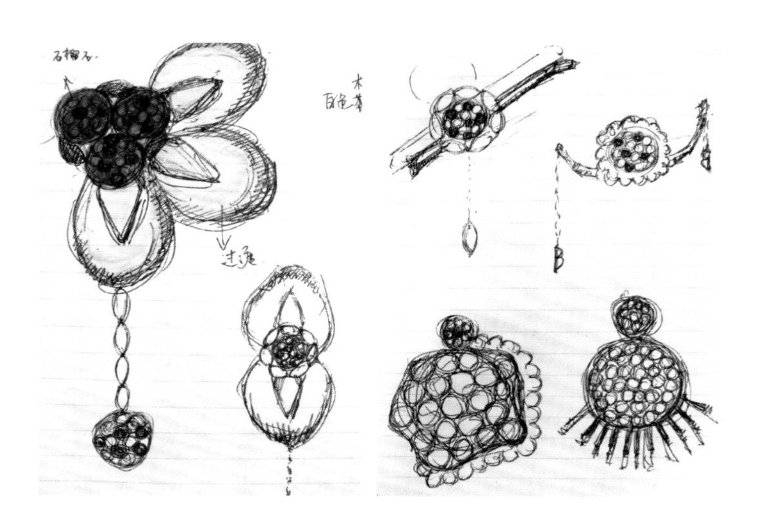

图3-29　设计草图

作者：姜涞

图3-30　胸针《秀色可餐》

作者：姜涞

材质：黄铜、树脂、银、丙烯颜料

3.设计范例三

下面这套首饰作品是传统京剧元素与现代首饰艺术的结合，呈现出新装饰主义的典型特征和美学内涵。这套作品为北京服装学院首饰专业的吉毓熹创作，指导教师为赵祎。

这套首饰的灵感来源于电影《霸王别姬》，意图用京剧元素来呈现首饰的整体设计。沿袭时代嬗变的线索，着重分析霸王别姬的剧情转折点（图3–31）。

所谓乾旦坤生，是指戏台上男人扮演女性角色，而女人扮演男性角色。产生如此不合理的现象，最主要的原因并不是基于表演艺术的需求，而是传统社会的性别隔离，是封建社会对性别的刻板认同。

作者选用男性角色的典型配饰“盔帽”来进行首饰设计。盔帽呈现出强壮威武的力量感，而盔帽中女性化的色彩和纹样，则运用了苏绣工艺与首饰金属工艺的结合，改良了传统纹样（图3–32）。

此外，作者选用具有典型男性性别特征的“髯口”来进行首饰设计，更能表现作者对性别区分的态度。

图3–31 首饰《霸王别姬》调研图

作者：吉毓熹

在这件作品中（图3-33），作者尝试运用外部的元素去强制改变髯口的内部纹饰，对髯口进行了设计改造。于是，在作者这里，具有强烈男性象征意义的髯口，装饰了具有女性意味的纹样，使得这件首饰充满了矛盾和糅杂，不失为一种对传统文化的重构和另类诠释。

图3-32　头饰《霸王别姬之盔帽》

作者：吉毓熹

材质：黄铜、丝线

图3-33　嘴饰《霸王别姬之髯口》

作者：吉毓熹

材质：黄铜、丝线

四 原创首饰作品赏析

本节展示的原创首饰作品从创意、叙事与新装饰主义的方面，呈现了原创首饰设计方法的多样性（图3-34～图3-46）。

图3-34 项饰《虫草》

作者：霍兰德·霍迪克（Holland Houdek）

材质：紫铜、施华洛世奇水晶、珠子

尺寸：17cm×44cm×2cm

图3-35　项链《圆圆的骨头节项圈》

作者：伊娃·伯顿（Eva Burton）

材质：氧化铝、氧化银、锆石

尺寸：30cm×35cm×2cm

摄影：费德里科·帕拉迪诺（Federico Paladino）

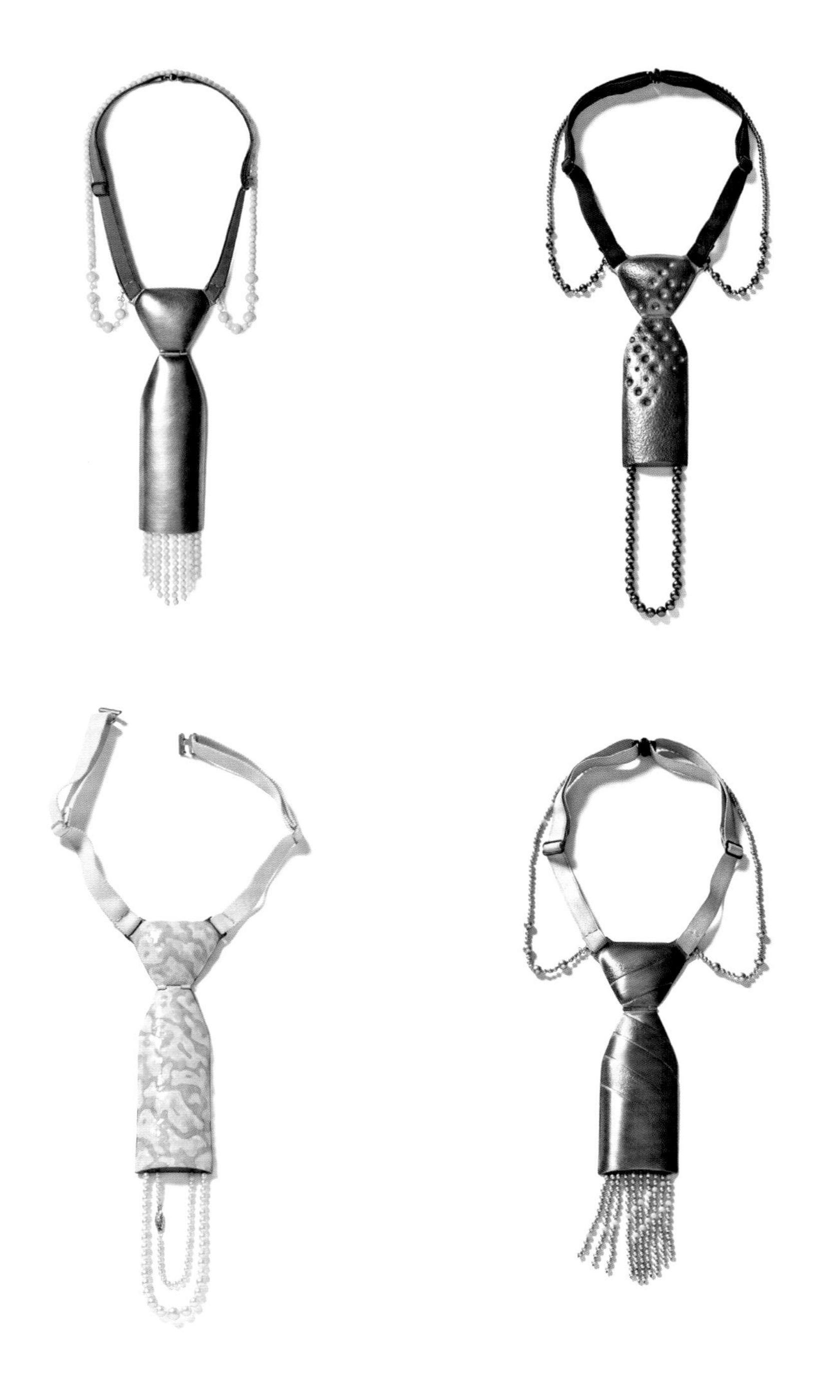

图3-36 项饰系列《获得自由》

作者：安妮特 · 丹姆（Annette Dam）
材质：14K金、氧化银、珊瑚、淡水珍珠、阿古屋珍珠、紫铜、珐琅、红宝石、石榴石、松紧带
尺寸：不等
摄影：多特 · 克罗

图3-37　胸针《真理！只有真理系列—圣塞巴斯蒂安》

作者：咪咪·莫斯科

材质：叉子、煎鸡蛋艺术模型

尺寸：15cm×19cm×2.8cm

图3-38　胸针《短暂会面系列—回忆》

作者：咪咪·莫斯科

材质：银

尺寸：10cm×16cm

图3-39 项饰《格雷戈里》

作者：巴斯·鲍曼（Bas Bouman）

材质：乌木、红豆杉木、铁木、骨头、核桃、桃子核、苹果核、皮革、头发、织物、锁、泥土

尺寸：12.5cm×47.5cm×2.8cm

摄影：阿尔玛·欧赫（Alma Oh）

图3-40　戒指《阴影系列》

作者：马里石川（Mari Ishikawa）
材质：925银、钻石
尺寸：不等

图3-41　项链扣《凤凰》正面（上）、项链扣《凤凰》背面（下）

作者：玛里恩·德拉鲁（Marion Delarue）

材质：公鸡毛、鸭毛、孔雀毛、鹤毛、雉鸡毛、米纸浆、钢、银

尺寸：7cm×11cm×3cm

图3-42　项链扣《凤凰》

作者：玛里恩·德拉鲁

材质：公鸡毛、鸭毛、孔雀毛、鹤毛、雉鸡毛、米纸浆、钢、银

尺寸：7cm×11cm×3cm

图3-43 胸针《红色》

作者：温迪 · 麦考利斯特（Wendy McAllister）
材质：925银、珐琅、24K金箔、紫铜
尺寸：10.6cm×6.8cm×2.5cm
摄影：哈普 · 萨克瓦（Hap Sakwa）

图3-44 项坠、戒指、胸针《欲望系列》

作者：梅特 · 萨贝（Mette Saabye）
材质：925银、木材
尺寸：不等
摄影：多特 · 克罗

图3-45　项饰《原声系列：阿尔瓦》

作者：卡琳·约翰森（Karin Johansson）
材质：黄金、阳极氧化铝
尺寸：直径86cm
摄影：埃尔工作室（elStudio）

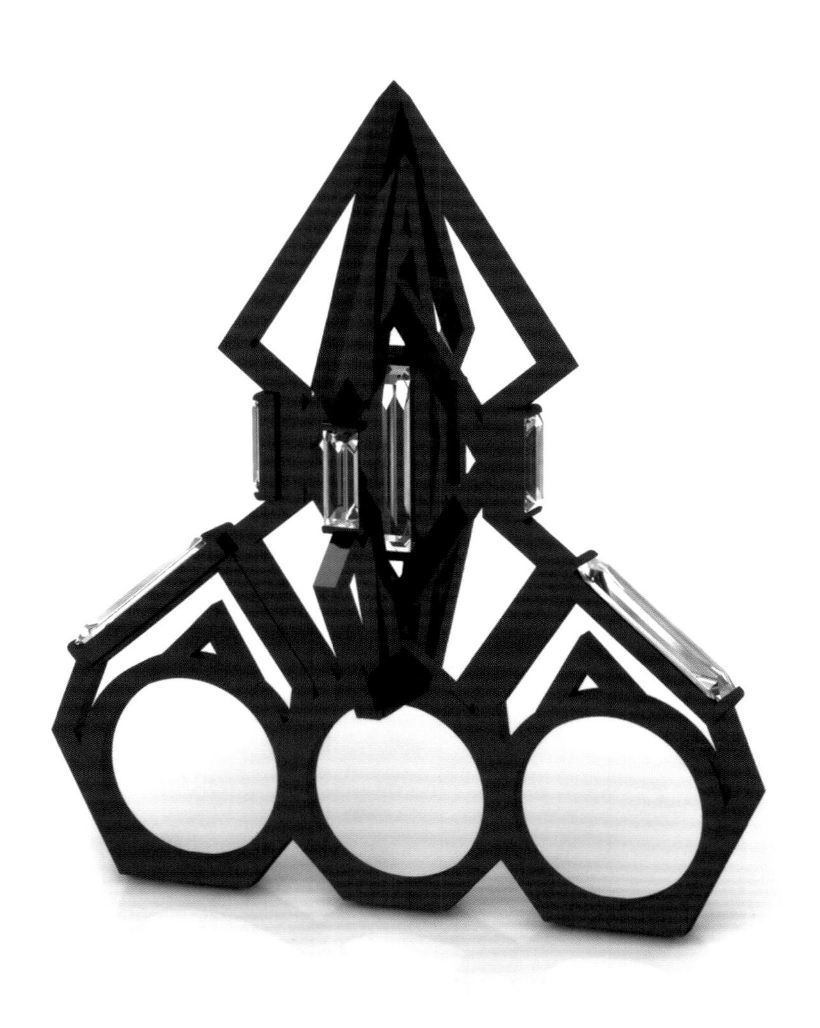

图3-46 戒指《黑色塞伯利亚系列：三匕首》

作者：安托阿内塔·伊万诺娃（Antoaneta Ivanova）
材质：925银、锆石
尺寸：6.9cm×6.5cm×3cm

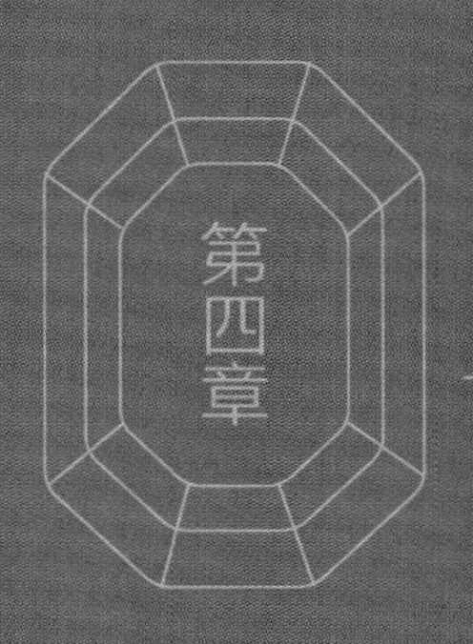

Original Jewelry Design Method

原创首饰设计方法：现成品、非物质、身体、智能

一 从现成品开始：现成品首饰

现成品艺术是指一件通常是批量生产的人造物品，在生产时并未有任何的艺术考量，但却作为一件有审美意义的物件被艺术家改装或陈列出来。也就是说，艺术家将生活中的物品进行直接或简单加工后，使其成为自己的艺术作品，这些物品原来的属性和意义被艺术家的个人情感与艺术意义所取代。

我们看到，在当代首饰艺术的创作中，现成品常常被艺术家拿来作为自己创作的灵感和材料，显而易见，这种创作思潮也是受到现成品艺术思潮的影响。在现成品首饰的创作中，作者从现成品中得到灵感，然后根据这一灵感对现成品进行整体的加工或局部的改变，使之呈现出新的造型和意趣，也就是将现成品所隐含的意义换一种方式呈现出来。

1.作品的结构模式

首饰艺术家闫丹婷创作的首饰系列作品《低俗小说》，就是现成品首饰的典型案例。

作者用现成品来叙述自己对首饰的理解，并运用现成品创作技巧来加强首饰的叙事性。

美国好莱坞电影《低俗小说》（*Pulp Fiction*）是由美国电影导演昆汀 · 塔伦蒂诺（Quentin Tarantino）执导的犯罪电影。这部电影当中，导演打乱了时间线的叙事顺序，以拼贴蒙太奇的方式片段化地讲述了发生在几个主角身上的反转故事，并且故事结构首尾相连形成回环（图4-1、图4-2）。

作者仔细观看、分析和整理电影，把错综复杂的电影故事拆分成八个片段情节，作者惊奇地发现，这八个片段情节中，每两个情节居然是可以相互对应的，它们合在一起又可以组成一段完整的故事，所以按照这个叙事逻辑，作者把这一系列首饰作品中的八件作品，组成两两对应的结构模式（图4-3）。这样，首饰和电影在相互独立又彼此关联的平行时空中，产生了互文关系。

进入设计阶段，作者想要利用现成品来进行创作。之所以如此，是出于两个方面的考量，一是希望现成品的使用，能够帮助作者营造故事性的氛围和气质；二是希望

图4-1　关于电影《低俗小说》的分析图一

作者：闫丹婷

图4-2　关于电影《低俗小说》的分析图二

作者：闫丹婷

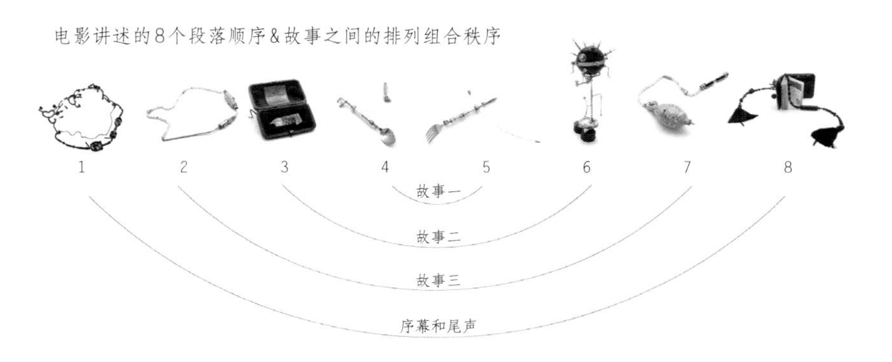

图4-3　系列首饰《低俗小说》首饰与电影段落的关联图

作者：闫丹婷

貌似不相干的现成品之间的荒诞对接，也能与电影中荒诞的拼贴剪辑手法和突变反转的剧情遥相呼应。

以首饰系列作品中的《低俗小说——文森特和马沙的妻子》为例（图4-4）。这件作品表达的叙事内容片段为：文森特与黑帮老大马沙的妻子共进晚餐，二人产生暧昧情愫，但二人决定，当晚发生的一系列荒诞之事对马沙只字不提。

作品首先选取的现成品意象为一只勺子，表达二人相识于一次晚餐。注射管内的细碎的钻石暗示二人混迹于黑社会，是看似光鲜亮丽实则危机四伏的冒险家。最后二人决定对当晚发生的事秘而不宣，则由如下的造型意象来表达：打字机敲出的二人的对话台词，用碎纸机粉碎，最后密封于玻璃管中，并将这个情节片段的关键台词，刻于勺面。

图4-4 胸针《低俗小说——文森特和马沙的妻子》

作者：闫丹婷

材质：玻璃、不锈钢、锆石、塑料、纸、铜

摄影：闫丹婷

2.作品与创意来源的关系

整套作品虽以电影作为出发点，但是除了作品名称之外，并没有出现和电影直接相关的任何视觉元素，包括作品摄影的再创作、作品海报设计等，虽然都极力营造一种电影感（图4–5），但又与《低俗小说》这部电影是完全不同的。因为“小说”的英文为“fiction”，它又有“虚构”“编造”的含义。

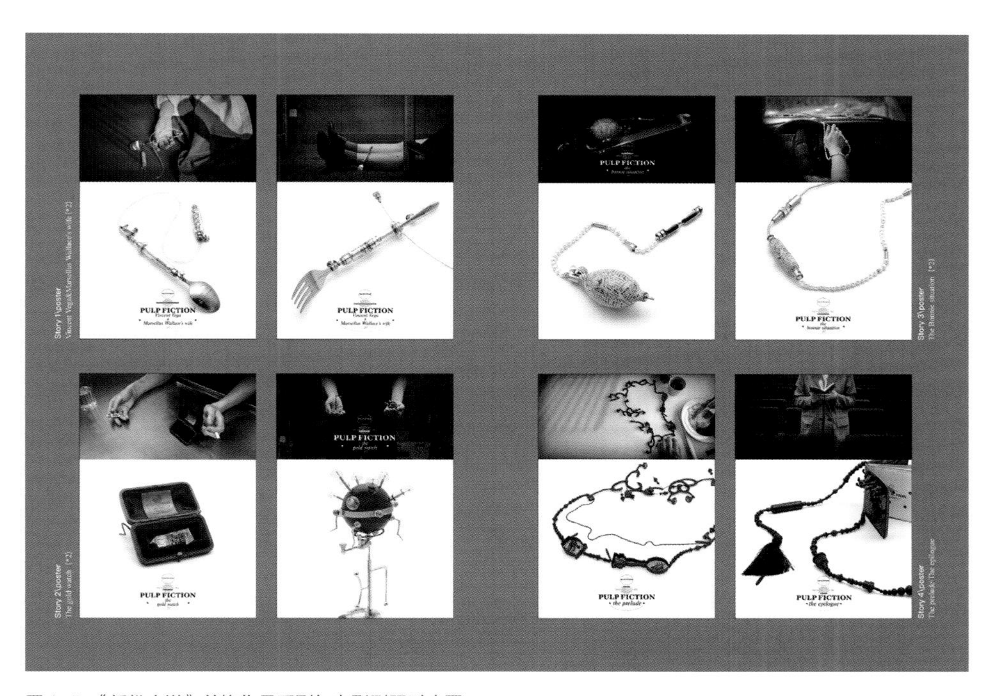

图4–5 《低俗小说》首饰作品系列与电影剧照对应图

作者：闫丹婷

所以，在这套首饰作品的创作中，作者理解的首饰和电影之间的关系更像是一个平行时空，在这个平行时空里，首饰和电影各自独立存在。虽然作者用现成品或者电影道具呈现了一个全新的、独立的故事，但它和电影又是相互关联的。可见，作者始终在寻找电影叙事和整套首饰作品之间的互文关系（图4–6～图4–12）。

图4-6　项链《低俗小说——序章》

作者：闫丹婷

材质：黑玛瑙、光敏树脂、模型喷漆、纸、棉线、紫铜、打字机零件

摄影：闫丹婷

图4-7　胸针《低俗小说——邦尼的处境》

作者：闫丹婷

材质：纸、橡胶、玻璃、珍珠、紫铜、沙、不锈钢

摄影：闫丹婷

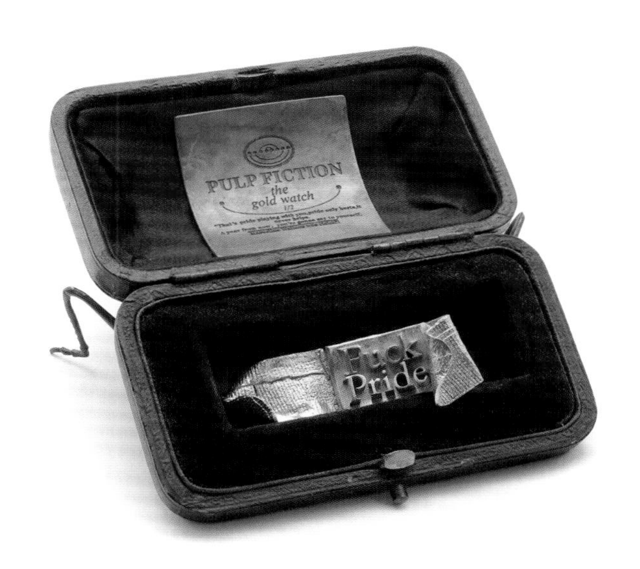

图4-8 胸针《低俗小说——金表》

作者：闫丹婷
材质：925银、紫铜、黄铜、古董首饰盒
摄影：闫丹婷

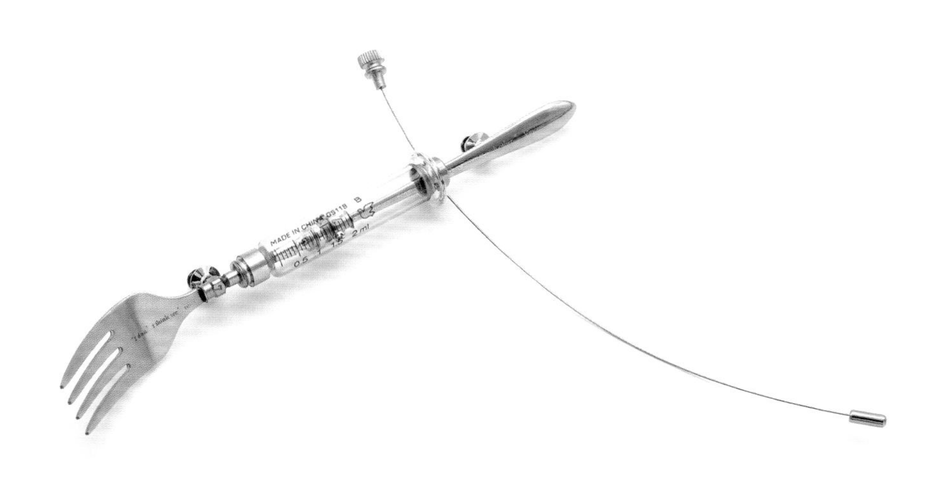

图4-9 胸针《低俗小说——文森特和马沙的妻子》

作者：闫丹婷
材质：不锈钢、紫铜、925银、玻璃
摄影：闫丹婷

图4-10　戒指《低俗小说——金表》

作者：闫丹婷
材质：塑料球、玻璃、黄铜、紫铜、废旧手表、戒指首饰盒、亚克力
摄影：闫丹婷

图4-11　项链《低俗小说——邦尼的处境》

作者：闫丹婷
材质：珍珠、纸、塑料、不锈钢、棉线、925银
摄影：闫丹婷

图4-12　手拿书《低俗小说——尾声》

作者：闫丹婷

材质：牛皮、橡胶玩具、象牙果、紫铜、纸、棉线、塑料、黑玛瑙、光敏树脂、模型喷漆、小提琴弦

摄影：闫丹婷

从无形材料开始：非物质首饰

非物质是超脱三维空间不具有三维结构的物的统称，它产生于物质，简单来说，它似乎看不见、摸不着，甚至感觉不到，但它的存在也是客观的。相对而言，非物质，由于其没有三维结构，则不会被束缚于某一特定空间，对于我们的艺术创作，对“非物质”的探索似乎更具有无限性和挑战性。

在这里，对于当代首饰艺术而言，所谓“非物质”则是指“无形材料”，这些材料是看不见、摸不着的，但它的存在却是可以意会和感知的。那么，痕迹或者痕迹首饰的出现，也就顺理成章了。

1.痕迹首饰

在当代首饰艺术的创作实例中，艺术家运用无形材料来创作痕迹首饰，这些无形材料包括：光线、印痕、压痕、伤痕、燃烧的火焰、融化的冰块等，不但打破了有形材质对首饰制作的垄断，也给首饰艺术带来了新的艺术创作理念：痕迹也是一种“物质”。

设计范例

下面，我们来看一套无形材料首饰的创作实例，从而更为直观地理解无形材料首饰的基本状况。

最初，作者吴冕只有一个点子：“我想做吻痕”。“吻痕”，让作者觉得最有意思的地方在于，它其实是一种伤痕，和跌伤、碰伤一样，是表层皮下组织出血引起的淤痕。但它发生在亲密关系表达爱意的过程中。这恰恰是一种对爱的贴切表达。美好和破坏、爱护和伤害同时并存，甚至同时发生。

因此，这套作品的创作起点和首饰无关，唯一有关的是：媒介，身体媒介。作者想讨论的核心是亲密关系、爱和伤害。基于这样的思考，作品创作形成了以下几个大致的方向：

（1）不需要呈现制作过程（亲吻）和吻痕会消失的过程。因为作品不讨论首饰的永恒性。

（2）为什么用吻痕形成项链？一般来讲，人们对吻痕的直观印象是在颈部，这个部位介于私密和暴露之间。作者希望作品中的“吻痕”不是可以被快速制造出来的一个斑点，而是要花费很长的时间去制造的痕迹（图4-13）。

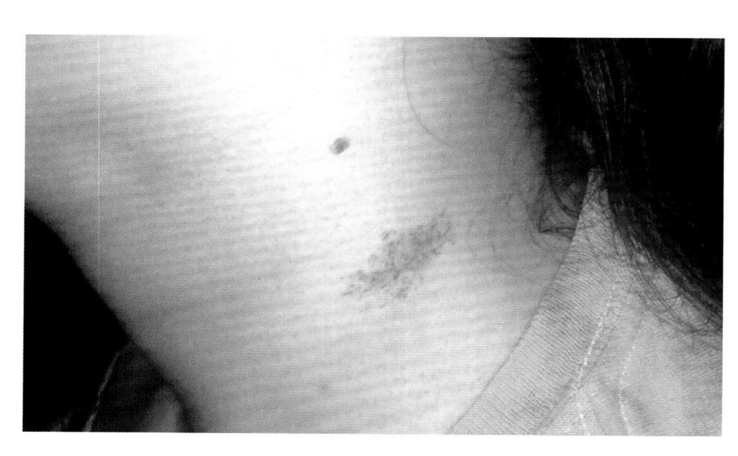

图4-13　吻痕实验照片

作者：吴冕

（3）摄影方式的考虑。作者希望表现出放松的私照的感觉。由于创作过程的私密性也不想请专业的摄影师，所以作者使用手机、拍立得来拍摄，最后选择拍立得的原因是它的即时性和不确定性。

（4）关于作品气氛。作者不希望作品有暴露身体作秀的噱头，因为这和她的主题无关。她要确保自己在作品中是自然的，她自己看到作品时也不会觉得尴尬。

（5）最后一点就是题目。“亲密关系”和“爱”的内容，从拍立得的私照画面、身着内衣以及“隆重”的项链上都有提示，但“伤痕”这个点没有出现，所以用题目作为提示。对于这个作品来说，题目非常重要，它是进入作品的一把钥匙（图4-14）。

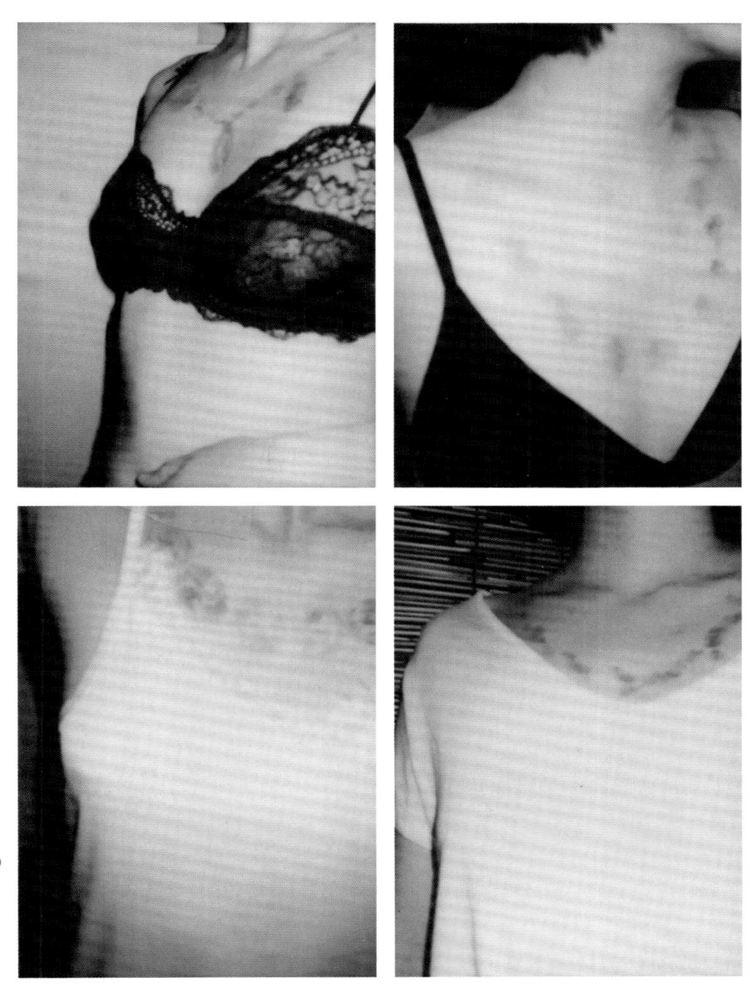

图4-14　项饰《轻伤》（*Intimate Wound*）

作者：吴冕

材质：吻痕

2.虚拟首饰

虚拟现实（Virtual Reality，简称VR）相关的研究始于20世纪60年代，旨在把客观世界的某一个局部，用电子的方式模拟出来，是一种运用高科技手段营造出的亦真亦幻的非现实环境。

近年来，虚拟技术在首饰设计领域也有参与，不仅在商业首饰的设计、展示、营销及管理方面都有参与，甚至，虚拟技术直接与首饰艺术融为一体，成为首饰作品的一部分。

可以说，虚拟首饰是一种全新的首饰门类。所谓虚拟首饰，就是利用VR技术设计出来的、呈现为数字形式的首饰作品，具有沉浸性、交互性和想象性的特点，能够极大地提升“首饰佩戴者”的自主感知度和使用体验。

设计范例

北京服装学院首饰专业教师王涛创作的虚拟首饰作品《虚构的集会》，探讨了当代首饰如何脱离肉身，仅仅作为一种视觉的呈现，在虚拟现实语境下对首饰的边界进行了大胆的试探。

如何利用虚拟现实技术进行首饰创作，需对其类别和表现形式进行分析。虚拟现实技术的确是对现实物象的虚拟，因而虚拟物象与现实物象存在着对应的关系。在虚拟空间之中的现实物象的映射，也会存在着其现实空间中的物质属性。

虚拟首饰作品《虚构的集会》的制作环节主要是利用虚拟现实技术进行艺术首饰的三维数字空间构建。利用这种数字虚拟的媒介进行前期的脚本设计，分别对物象造型、路径规划、交互方式、音乐声效等维度进行沉浸式空间表现。

前期通过电脑绘制和手绘的方式进行空间意向的表达，进而利用犀牛、3Dmax等三维软件进行物象构建，将已完成的模型放置于Unity进行空间场景搭建以及路径规划。在此之后，通过C++语言进行交互模式的编程，更好地服务于艺术首饰概念的立体表达。针对不同空间的物象引入相应的音效及音乐，实现视觉、听觉的多维度空间意境表现（图4-15）。

作品主要选取两个元素进行空间构建，分别是戒指和钻石。虽然一枚戒指的体量很小，但却是一种与身体的结构产生完美平衡的关系。其次就是钻石，它作为消费社会中具有象征性的物质载体，也同样会引起观者的共鸣。以下是作者根据相关元素设计的多个场景。

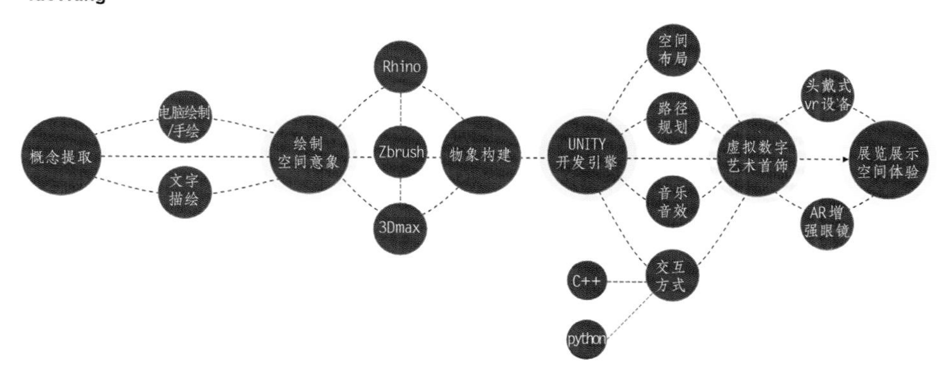

图4-15　虚拟数字艺术首饰制作技术框架

作者：王涛

场景一

场景一将钻石原石作为虚拟空间的入口，以最本初的面貌，展现于观者面前。观者置身于钻石之中，尺度以及视角都发生了极大的改变，虚拟现实技术使我们有机会以更震撼的视觉效果幻想和诠释首饰可以承载的意义（图4-16）。

图4-16　场景一的内部模拟（左）和外部模拟（右）

作者：王涛

场景二

场景二为首饰构建的城市，它颠覆了人们对人与首饰间的从属关系的惯性认知。观者在首饰构成的城市中穿行，本身便具有极强的视觉冲击力。它打破了原有的首饰尺度，人们可以从不同的角度思考首饰与自身的关系（图4-17）。

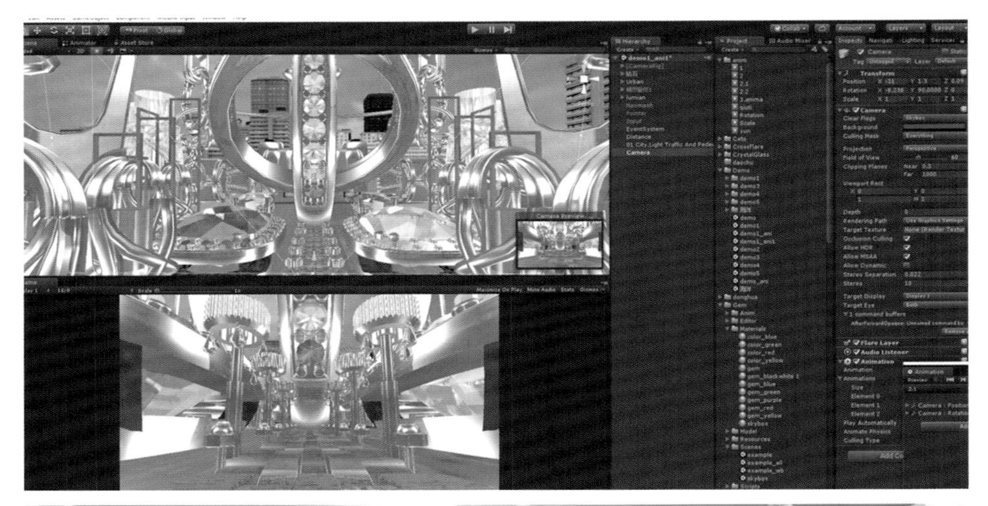

图4-17 Unity引擎中的制作（上）、质感光效模拟（下）
作者：王涛

场景三

场景三为红色海洋中漂浮的戒指以及红色海洋本身，都是对中国传统婚姻的一种象征性展现。其中戒指被人们赋予了太多含义，承载着誓言以及精神上的强烈期盼（图4-18）。

图4-18　空间颜色调整前（上）、空间颜色调整后（中）、意象模拟（下）

作者：王涛

场景四

场景四的珍珠作为首饰创作中的物质载体，在现有虚拟空间中，其本身象征的是海洋生命的凝结、美好而绚烂的存在，但又在一瞬间崩塌、散落、涌向观者，围合成生命原始凝聚的状态。该场景最关键的是色彩及珍珠的交互方式，所以在设计过程中，通过大量的变成工具来实现其特殊的交互方式（图4-19、图4-20）。

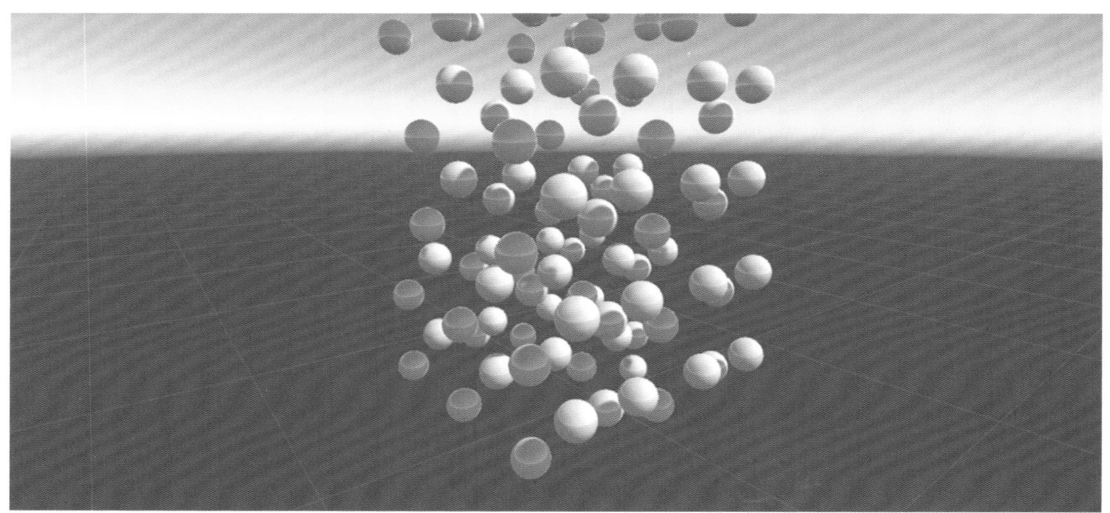

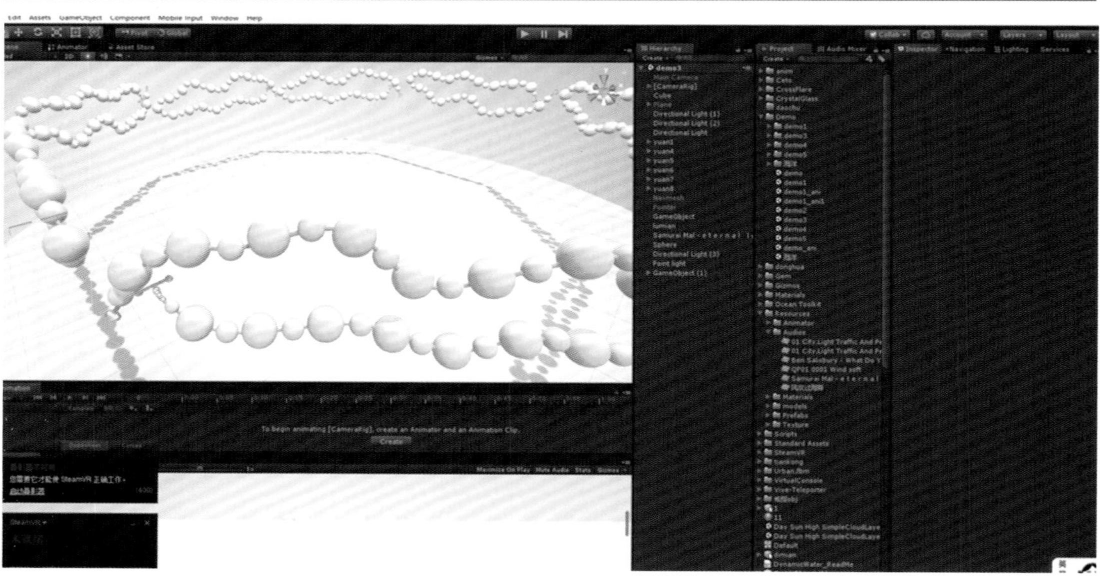

图4-19 坠落节奏的模拟（上）、Unity设置色彩及交互方式（下）

作者：王涛

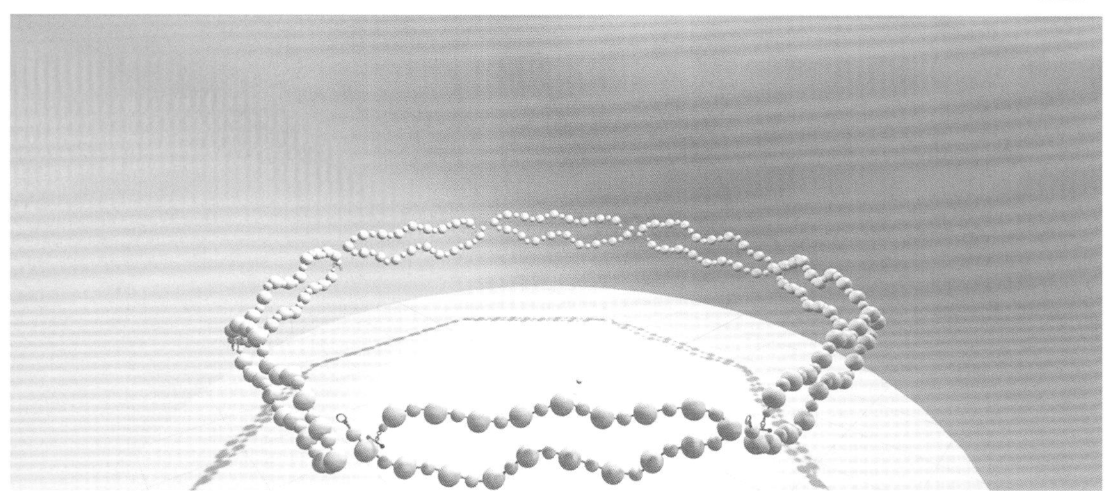

图4-20　珍珠质感及集聚模拟（上）、最终空间布局（下）
作者：王涛

场景五

场景五借用钻戒并以拟人的手法来模拟婚礼现场，戒指以一种全新的状态“注视”着观者在虚拟空间中前行，利用荒诞主义创作手法作为空间布局审美准则的具体体现，而戒指本身的佩戴属性，又加强了观者潜意识中对誓言仪式性的观感（图4-21）。

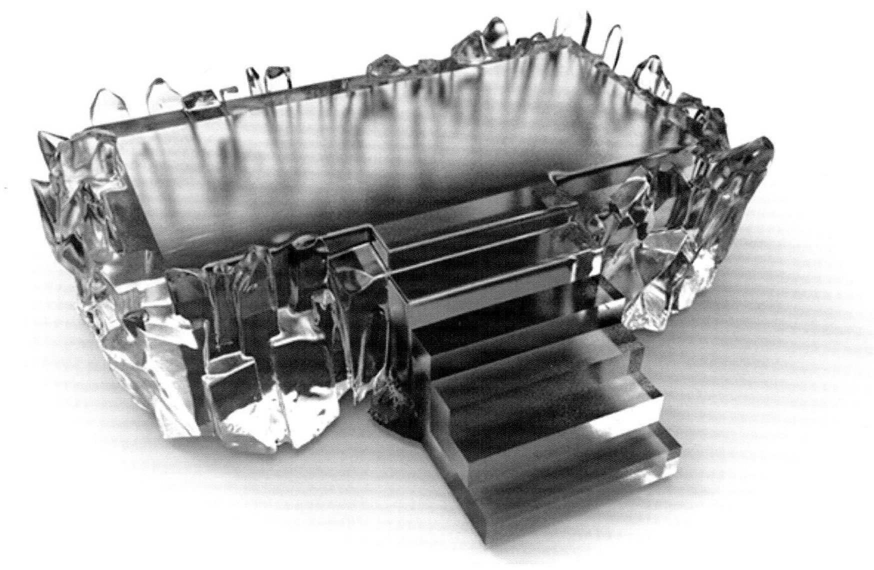

图4-21　物象的模型建立（上）、空间布局及特效呈现（中）、最终效果路径呈现（下）

作者：王涛

场景六

场景六中打磨好的钻石与初始的钻石原石遥相呼应，将现实中的物质形态彻底带入虚拟空间，并进行彻底地释放。在空间动线变化上，给人极强的坠入感，引导人们生成新的钻石，在虚拟空间中产生新的痕迹（图4-22）。

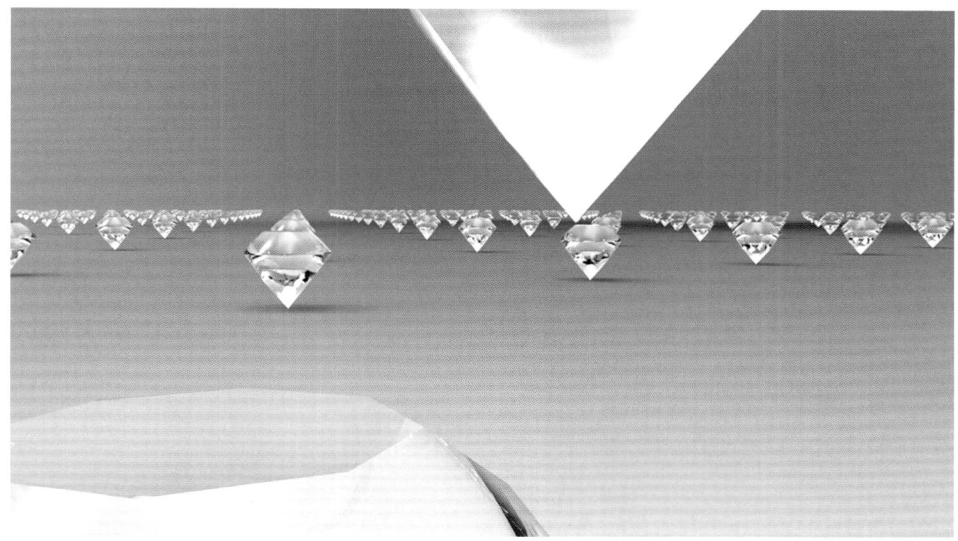

图4-22 意象构建图（上）、最终路径呈现（下）

作者：王涛

展览呈现

展览呈现是虚拟数字艺术首饰重要的媒介展示阶段，需要进行前期的展览效果模拟，并最终将虚拟首饰作品《虚构的集会》展示出来（图4-23）。

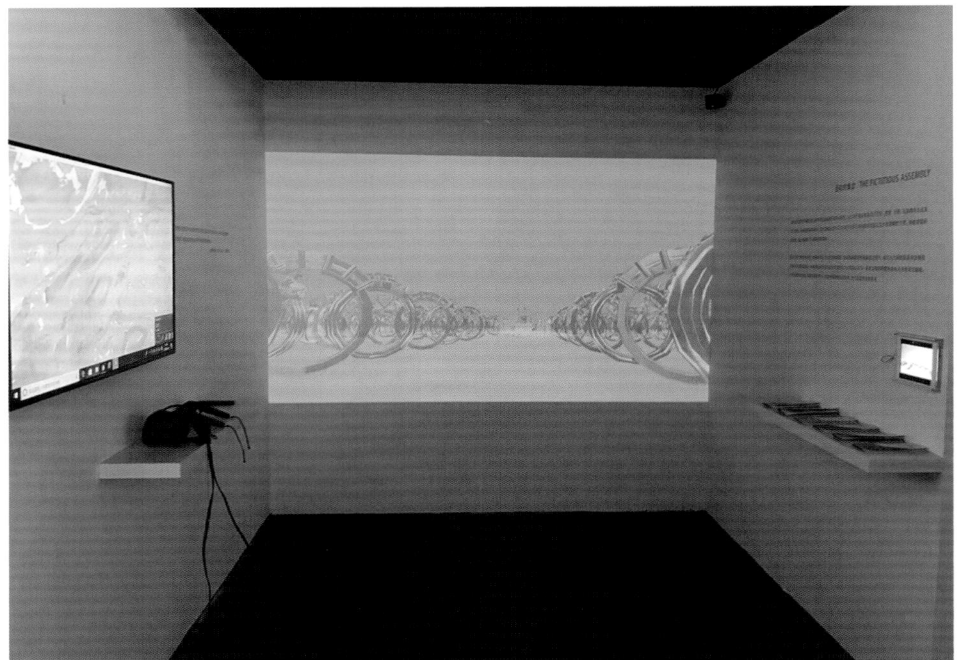

图4-23　展览效果模拟（上）、展览实景（下）

作者：王涛

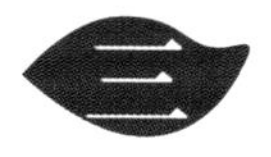

从改造身体开始：身体首饰

所谓身体首饰，是指佩戴在人体上，通过某种形式改变身体某个部位的具体形态或结构的首饰。

从佩戴部位来讲，身体首饰的佩戴部位打破了传统首饰常规的佩戴部位，极大地拓展了佩戴部位的范围，它几乎可以佩戴在身体的任何部位，如口腔、鼻腔、后脑勺、乳房、大腿、脚后跟、臀部、肚脐、腋下、锁骨等。

从佩戴的方式来讲，身体首饰不仅仅是身体的装饰品或依附品，而是改造身体的积极参与者，它通过扩张、挤压、插入、植入、割裂、钻孔、粘贴等物理方式，改变身体部位的形态，甚至侵入身体内部，对人体造成整体的生理影响。

可以说，身体首饰在当代艺术领域里确立了自身独有的特殊属性：首饰与人体的关系属性。

1.设计范例一

这里列举的两套身体首饰：《治愈—珍珠》《治愈—毒药》，以中医针灸治疗为设计灵感和理念（图4-24），通过钢针扎入身体的形式，改变、影响和治愈我们的身体，也是以一种略微残酷的途径“装饰”我们的身体、刺激我们的精神世界！

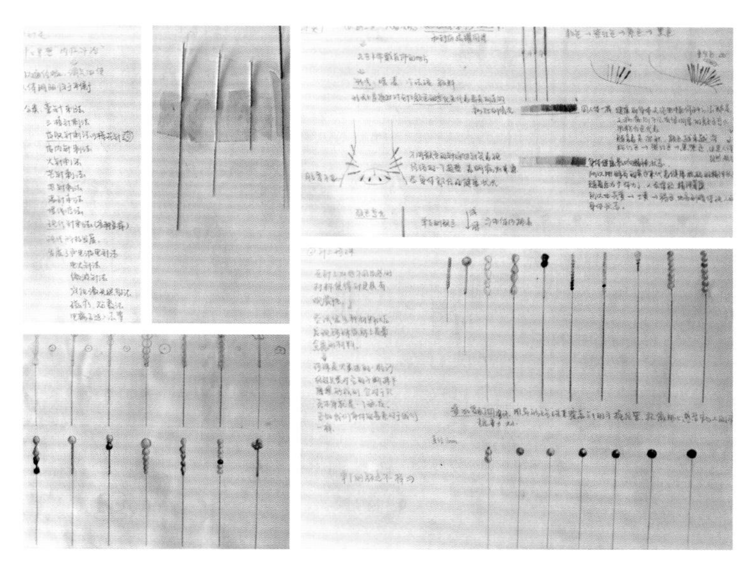

图4-24　身体首饰设计草图

作者：张蕴琪

身体首饰的独特属性体现在两个方面，其一是私密性。当首饰艺术家完成了作品的制作，一旦被佩戴，它便与身体发生了联结（图4–25）。其二是身份认同性。身体首饰从制作者到欣赏者、佩戴者，都会传递一种特殊的身份认同感。

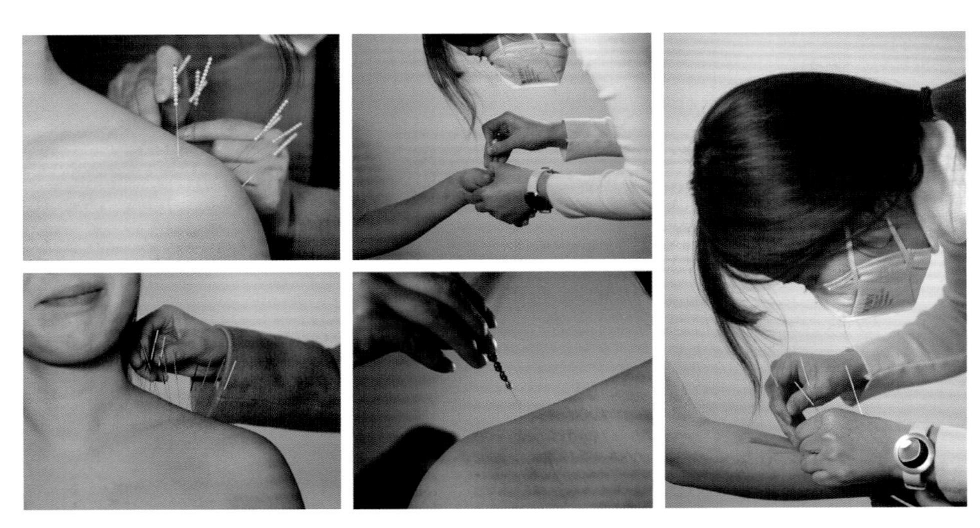

图4–25　身体首饰佩戴过程图

作品一：《治愈—珍珠》

珍珠是怎样形成的？最初，一粒沙子或异物钻进了贝壳里，这沙粒或异物其实是贝壳的病灶，母贝不断排出组织液包裹沙粒或异物，于是，美丽的珍珠就形成了。这个过程与中医排毒治病的过程有相同之处。作者在这里用珍珠表达一种美好的期望，希望人们在面对疾病时，能以一种积极的心态去面对。能够尝试用一种不同以往的角度去看待身边这个习以为常的“旧”世界（图4–26）。

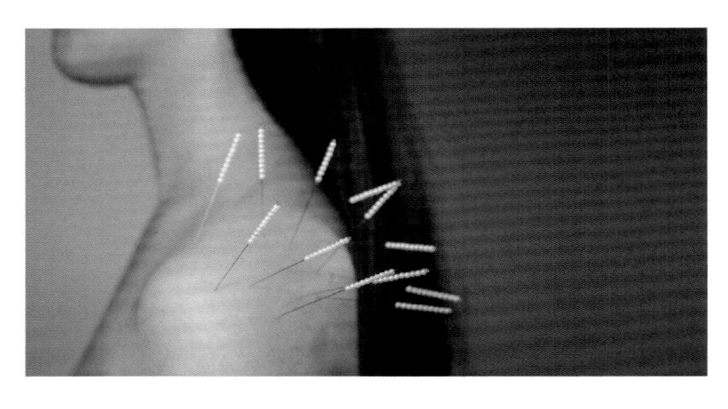

图4–26　身体首饰《治愈—珍珠》

作者：张蕴琪

材质：钢针、海水珍珠

作品二：《治愈—毒药》

这组作品分为两个小组。第一组是从粉红色到暗紫色渐变的针，暗喻我们从生理健康的身体颜色到有病患的身体颜色的变化（图4-27）；第二组是从亮黄色到褐色的颜色渐变的针，暗喻我们从心理健康的身体颜色过渡到有心理病患的颜色的变化（图4-28）。

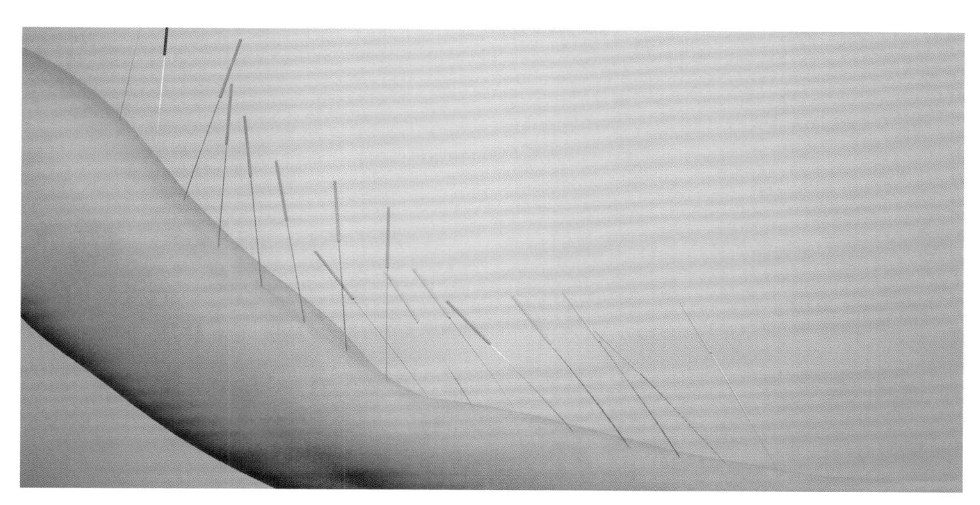

图4-27　身体首饰《治愈—毒药》

作者：张蕴琪

材质：钢针、现成品喷漆

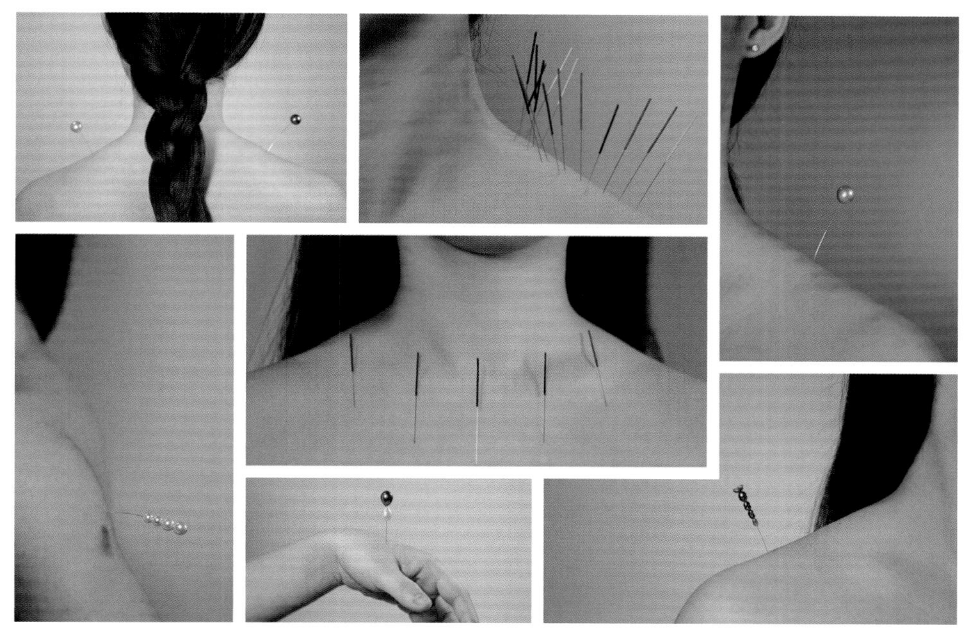

图4-28　身体首饰佩戴图

2.设计范例二

通过观察生活，我们不难发现，“反射”无处不在。它存在于不同的材料之中，以不同的方式和效果呈现。由于身体结构的制约性，我们无法直接看到自己的脸或部分身体。因此，在日常生活中，我们会运用镜子来观察我们的样貌和身体。

在这个首饰系列中，作者马轩将镜面反射和首饰结合起来，重新探索和发现人类的身体，寻找一种新的自我了解的方式。

马轩开始通过给自己拍照来探索和审视自己。她发现人们拍照并不仅仅是为了记录美好瞬间，更是为了从不同的角度去记录、观察和认识自己。同时，作为身体的拥有者，她发现某些身体部位是观察的盲区，换言之，有一些身体部位是我们不能直接看见的。于是，马轩开始去探索那些看不见的身体部位，主要集中于嘴部、牙齿、腋窝、臀部、私处、头顶、背部和下巴。作品《腋窝》便是通过反射让佩戴者观察到自己腋窝的首饰作品，同时通过简单的几何形态设计，让大家关注到这些被人遗忘的肢体的美妙之处（图4-29）。

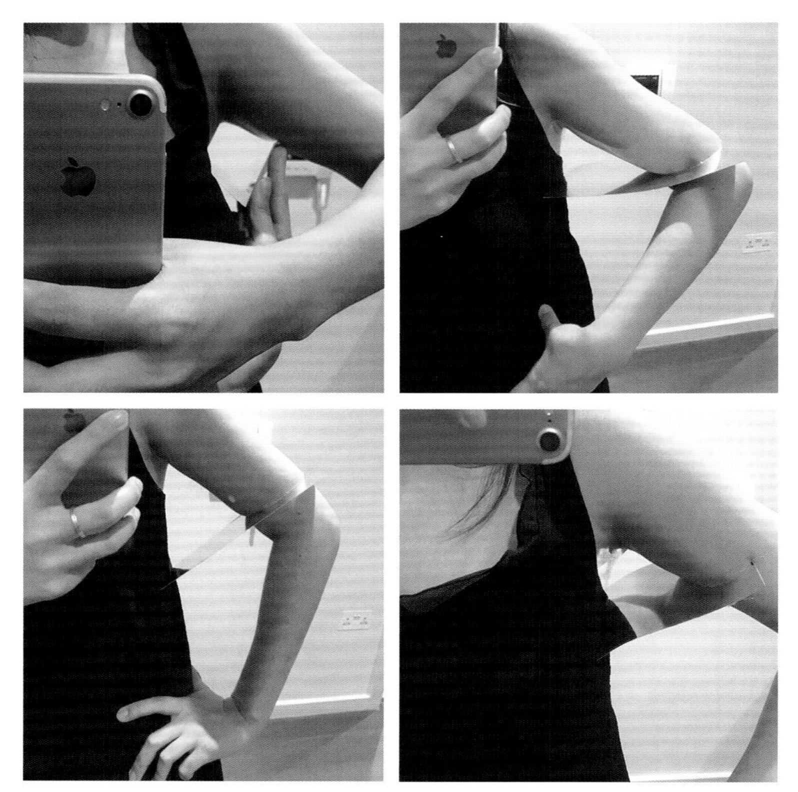

图4-29 通过反射让佩戴者观察到自己的腋窝

设计之初，如何将“镜面”放在身体上是作者面临的最大挑战，最初，作者尝试将立体的几何支撑结构应用到作品的设计上，研究如何固定“镜面”，将几何支撑结构作为穿戴的支点。然而，这个想法将作品变得异常复杂，过多的结构设计使作品的表现力被弱化。通过反复尝试，马轩最后借助身体结构和生活中习惯性的叉腰动作，将“镜面”稳定在手臂与上身之间。

设计稿确定之后，作品的制作则相对简单。经过数次度量和分析佩戴者的手臂与腰部的形状与尺寸，确定手臂与腰部之间的距离与佩戴的角度，用镜面纸制作出符合尺寸的样板，再根据样板，在15mm厚的黄铜板上切割出适合的形状，进行镜面抛光，之后在表面镀银，一面特别的“镜子”便应运而生（图4-30、图4-31）。

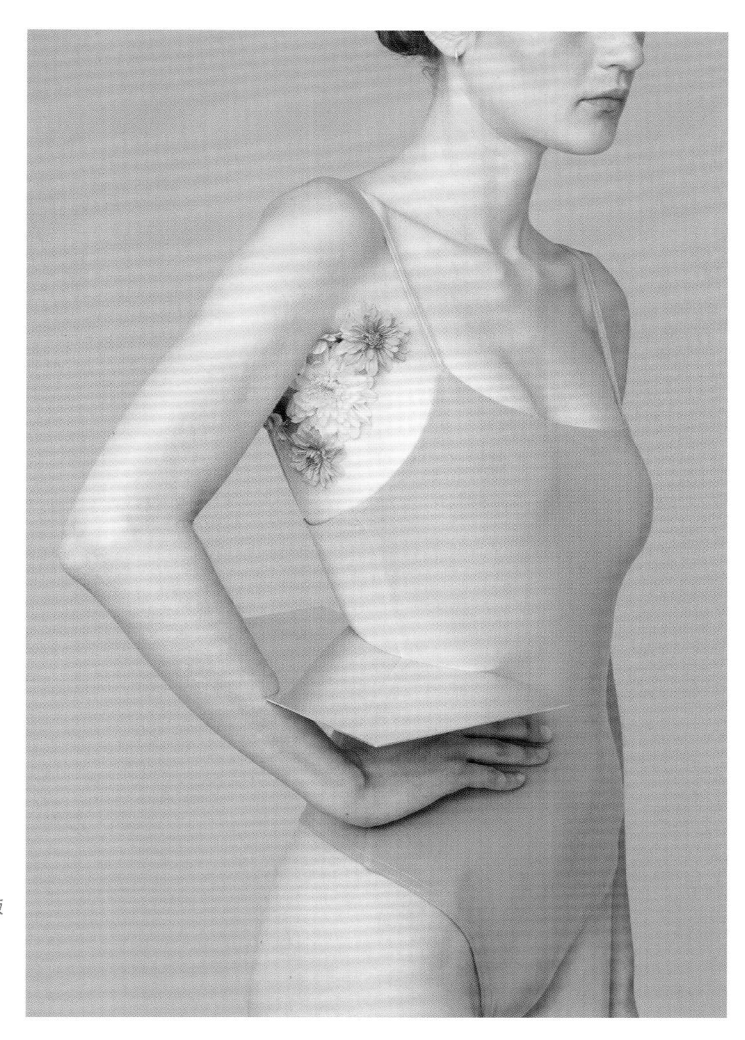

图4-30 身体首饰《腋窝》佩戴图一

作者：马轩

材质：黄铜镀银

图4-31 身体首饰《腋窝》佩戴图二
作者：马轩
材质：黄铜镀银

《腋窝》作为马轩《私密视图》系列首饰作品中的一件，充分体现出越是简单的形态越能创造出强烈的视觉效果。作为一件具有创新性的当代首饰艺术作品，《腋窝》虽然不能作为日常佩戴，但其作品所引发的对人类自我的审视意识却不可忽视。艺术来源于生活，设计也同样来源于生活。对生活和生命的思考与解读，正是现代艺术的职能之一。

四 从交互技术开始：智能首饰

以交互技术为基础，把交互模式与首饰制造技术相结合，便产生了“智能首饰”。这种首饰使作品与佩戴者之间产生互动行为，并以一种全新的体验和境界带给佩戴者全然不同的经历和感觉。

目前，智能首饰主要从几个方面实施开发与应用：①智能材料（如在基础材料中加入变温涂料、基础面料加入银丝从而使面料具有导电功能等）；②智能芯片（可交互生理数据等）；③形变结构（利用充气形变以及其他方式进行造型改变等）；④智能生物材料（可生长首饰材料等）；⑤智能AI算法下（溶解、生长、自动拆分等）生成的首饰造型等。

事实上，从智能首饰的特点来讲，它更具有工业产品设计方面的表象与特征，如它的批量化、产品化、人机工学、可持续利用与发展等。

无论如何，智能化作为首饰设计的一个新动力，在商业首饰和艺术首饰领域，都拥有巨大的发展空间，它的可能性和创造性都是无限的。

1.调研阶段

下面这套智能首饰的设计案例，由北京服装学院首饰设计专业的一个设计小组共同完成，团队成员有：冯天蓝、李灵昭、季策、黄惠贞、唐伟焜、段承莉，指导教师为关键、宋懿。

开始设计之前，小组对社会诸多热点进行了剖析，发现“儿童安全”问题一直是我国社会所关注的热点之一，多年来，很多儿童被拐卖，只有少数被找回。此类现象的大量出现，使小组成员决定做一款智能首饰，帮助儿童在遇到危险的初期，能够被家长快速找回，或者能够帮助家长们更好地保护儿童。

通过调研，设计小组发现，在人流量大的公共场所，孩子与监护人容易走散，且犯罪分子容易在这类场所将孩子诱骗拐走。

在访谈过程中，小组成员发现，大部分女性都觉得智能首饰最需要解决的一个问题就是产品的安全性，也就是产品对于孩子是否安全。可见，产品的安全性是她们最关心的焦点。此外，她们还会关注产品的功能性和隐蔽性。

儿童玩具销售人员建议：给孩子用的智能首饰一定要无毒无味、反应灵敏、不延时；隐蔽性高、结实、造型简单；定位准确、辐射小、功能单一等（图4−32）。

图4−32 设计机会分析图

作者：冯天蓝、李灵昭、季策、黄惠贞、唐伟焜、段承莉

这套智能首饰由两个部件组成，一部分为“母件”手镯，由母亲佩戴；另一部分为“子件”吊坠，由孩子佩戴。

先是母件，出于智能的考虑，产品必须要有足够容纳智能部件的空间。该款式为母亲设计，贝壳本身有“孕育”的象征意义，因为贝壳里会形成珍珠，如同母亲孕育孩子。贝壳外硬内柔，有包裹、保护的寓意。所以设计小组选择用螺钿（贝壳）为首饰制作材料。珍珠用于孩子，贝壳用于母亲。

2.设计阶段

根据需要，设计小组画了很多草图（图4−33）。手镯的振动幅度最能为身体感知，所以选择手镯作为最终载体。

从造型上来说，在保证便捷性的前提下，设计小组想尽可能把首饰做得漂亮，所以选用金属来做首饰的主体连接部分，金属具有光滑漂亮的质感，又足够坚硬，能起到支撑整体造型的作用。

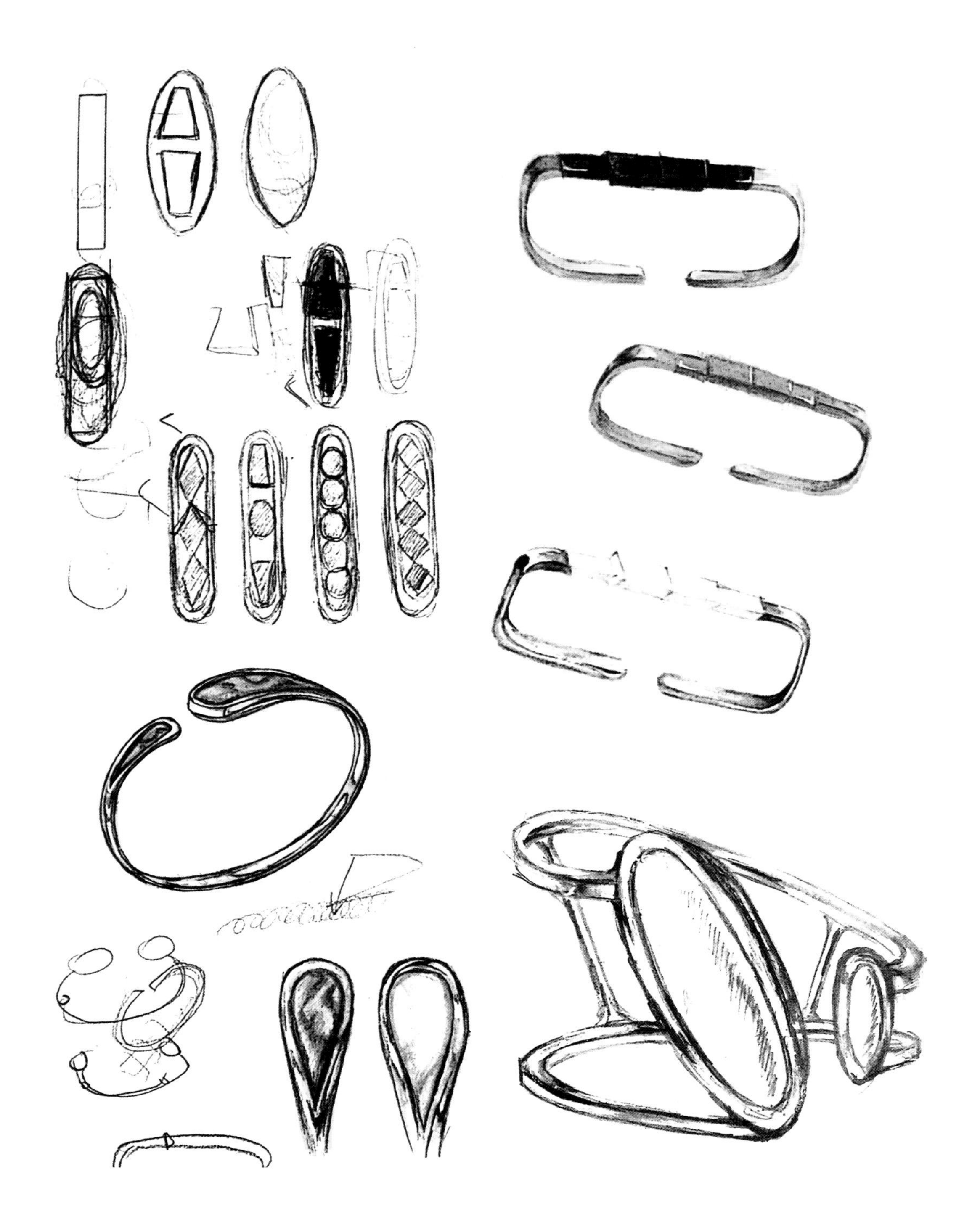

图4-33　设计草图

作者：冯天蓝、李灵昭、季策、黄惠贞、唐伟焜、段承莉

经过设计小组成员讨论决定，给产品命名为“Finder”，意为“查找器”。首饰内置振动器、低功耗蓝牙、GPS定位芯片，子件有GPS定位功能，适用于带儿童外出的母亲。

首饰由子件和母件组合构成手镯，使用时将子件从母件中取下，佩戴在孩子身上，以达到隐蔽性强的效果。由母方自行设定安全距离范围，当孩子超过设定的安全距离时，母件会振动提醒。当需要寻找孩子时，可通过GPS查询孩子的位置（图4-34、图4-35）。

图4-34 儿童防丢失首饰《查找器》

作者：冯天蓝、李灵昭、季策、黄惠贞、唐伟焜、段承莉

材质：螺钿、铜镀金、芯片

图4-35 儿童防丢失首饰《查找器》实际佩戴图

作者：冯天蓝、李灵昭、季策、黄惠贞、唐伟焜、段承莉

材质：螺钿、铜镀金、芯片

五 原创首饰作品赏析

本节展示的原创首饰作品从现成品、非物质、身体与人工智能的方面，呈现了原创首饰设计方法的多样性（图4-36～图4-45）。

图4-36 胸针《海蛞蝓》

作者：维多利亚·穆泽克

材质：浮木、云杉木、鱼鳃骨、芙蓉石、塑料颗粒、925银、大漆

尺寸：6cm×10cm×2cm

图4-37　胸针《骨头花园：白玉兰》

作者：塔内尔·维恩瑞（Tanel Veenre）
材质：骨头、珍珠贝、玉髓、银
尺寸：8cm×14cm×2cm
摄影：安杰洛·塔西塔诺（Angelo Tassitano）

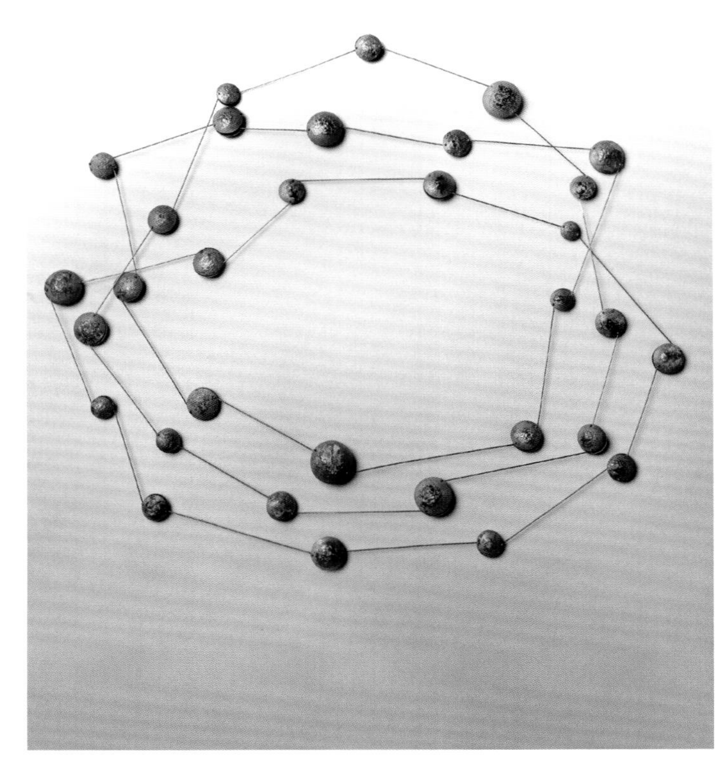

图4-38　项链《无题》

作者：格拉齐亚诺·维斯汀
（Graziano Visintin）
材质：黄金、珐琅
尺寸：60cm

图4-39　胸针《经典》

作者：基吉·马里亚尼
材质：银、18K金、乌银
尺寸：8.5cm×6.5cm×2cm
摄影：保罗·特尔兹

图4-40　臂饰《停留1#、2#》

作者：刘易斯·安娜·梅（Lewis Anna May）

材质：羽毛、泡沫板

尺寸：不等

摄影：狄兰·托马斯（Dylan Thomas）

图4-41 胸针《建筑师必须要面对的室内花园系列》

作者：安德里亚·瓦格纳（Andrea Wagner）

材质：银、彩色陶瓷、玻璃镜片、玻璃树脂复合材料、纸、不锈钢等

尺寸：不等

摄影：安德里亚·瓦格纳

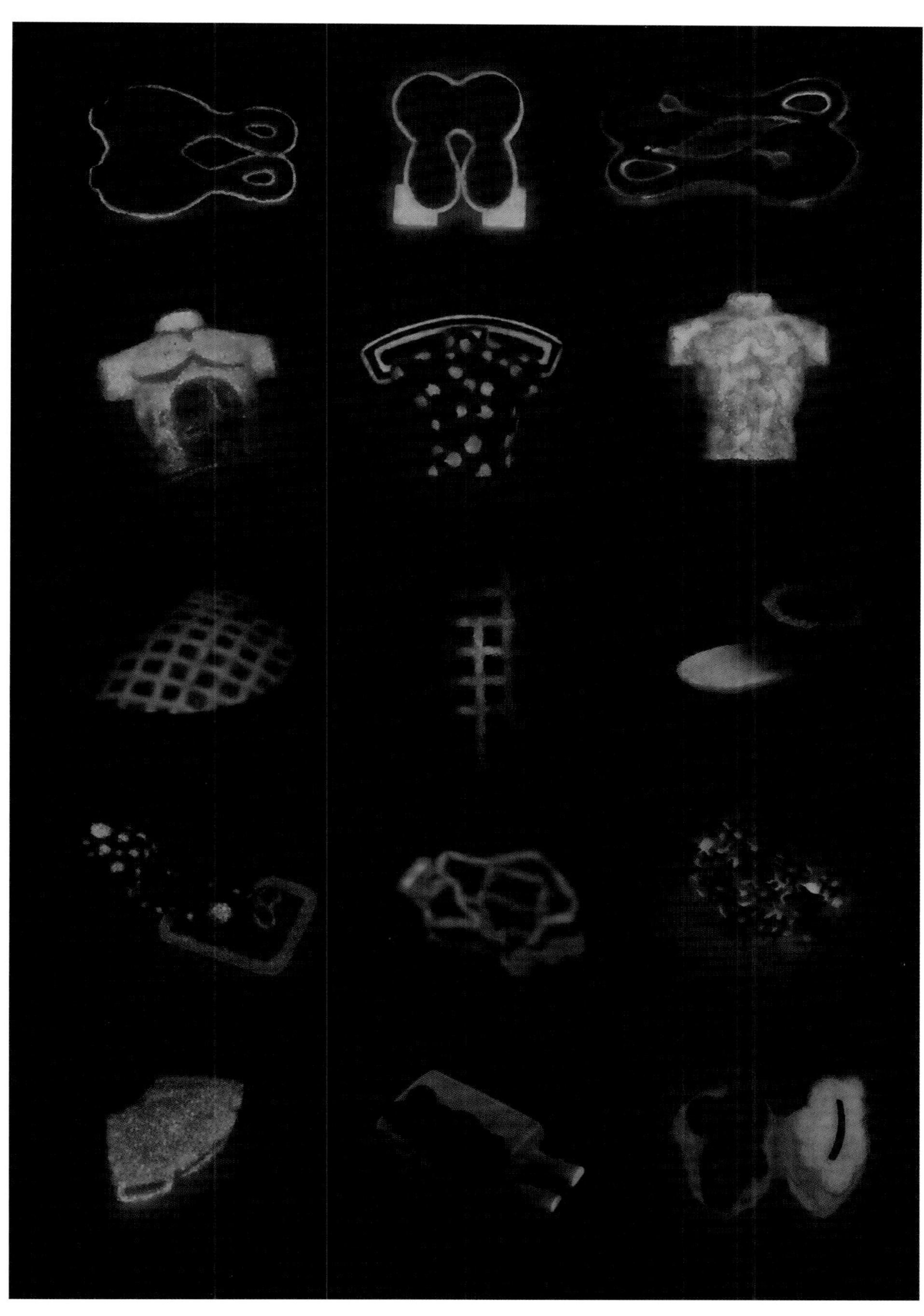

图4-42 胸针《建筑师必须要面对的室内花园系列》在黑暗中发光的效果图

作者：安德里亚 · 瓦格纳

材质：银、彩色陶瓷、玻璃镜片、玻璃树脂复合材料、纸、不锈钢等

尺寸：不等

摄影：安德里亚 · 瓦格纳

图4-43 项饰《双鱼》

作者：卡米拉·路易恩（Camilla Luihn）
材质：紫铜、氧化银、大漆
摄影：简·阿尔萨克（Jan Alsaker）

图4-44 项饰《抓住时机》

作者：海德玛丽·赫布（Heidemarie Herb）

材质：绳索、琥珀、银、棉

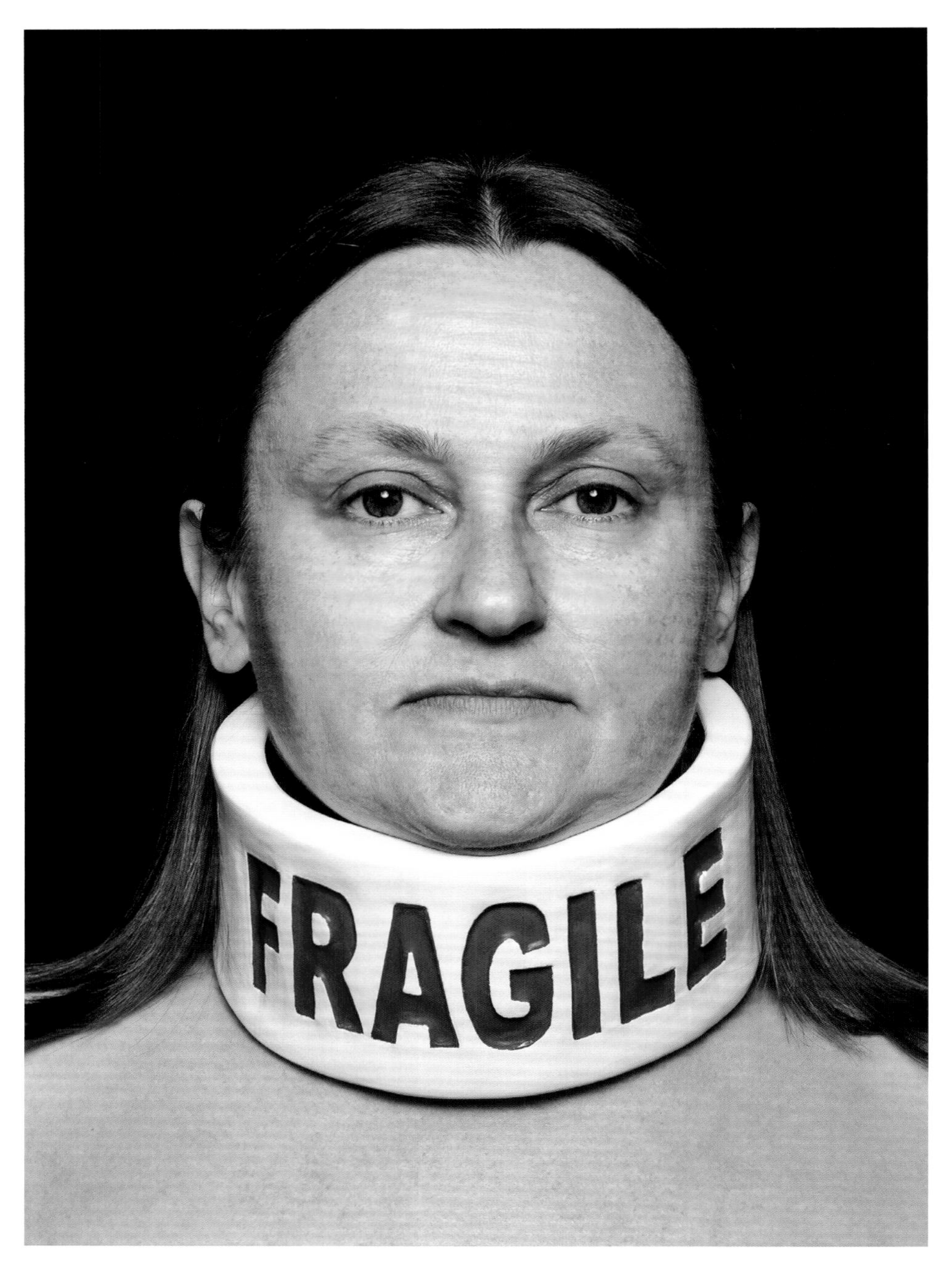

图4-45　项饰《支撑》

作者：蒂芙尼·帕尔布斯
材质：塑料、铝
尺寸：16.5cm×16.5cm×7.5cm
摄影：托比亚斯·蒂茨

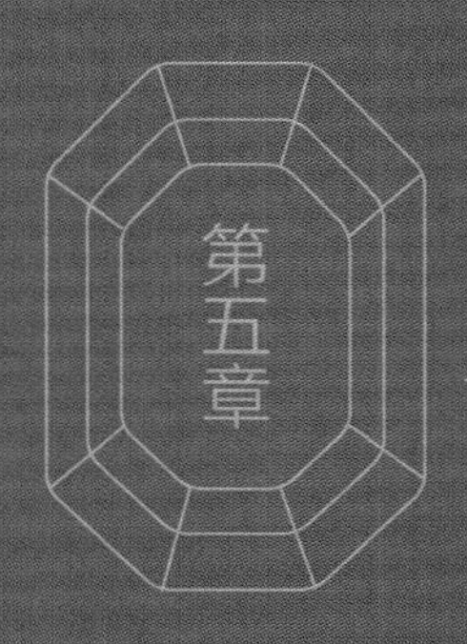

Detailed Explanation of Original
Jewelry Design Cases

原创首饰设计案例详解

案例一《寸 · 光阴》(滕菲)

这套首饰作品由中央美术学院滕菲教授创作。首饰作品名为《寸 · 光阴》,包含两个阶段的作品:一条项链和一套挂饰(图5-1)。

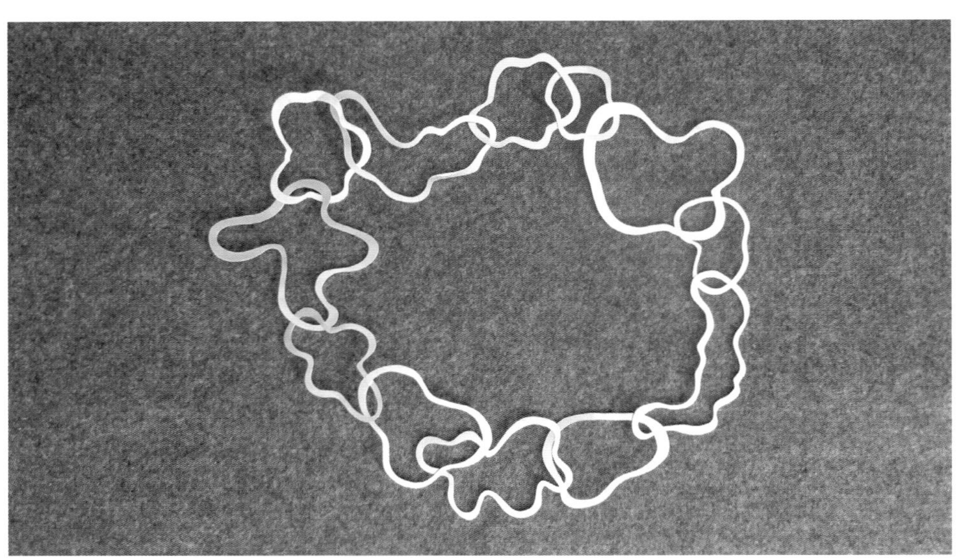

项饰,材质:银

挂饰,材质:钛、皮绳

图5-1 《寸 · 光阴》

作者:滕菲

1.第一阶段的银项链

作者将自己的一幅摄影作品作为源头，从中提炼出光斑图像，经过不断比较和选择，提取一些确定的图形，生成每个都不同的项链元素并加以设计、实验和制作，最终打造出一条完美的银质项链。

至此，一条经由阳光的源头演绎出来的、带有光阴意味的原创设计项链作品，制作完成了（图5-2～图5-6）。

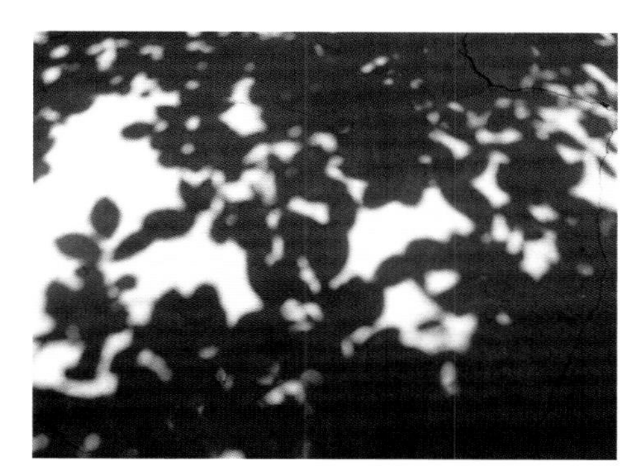

图5-2 摄影作品

图5-3 选择光斑

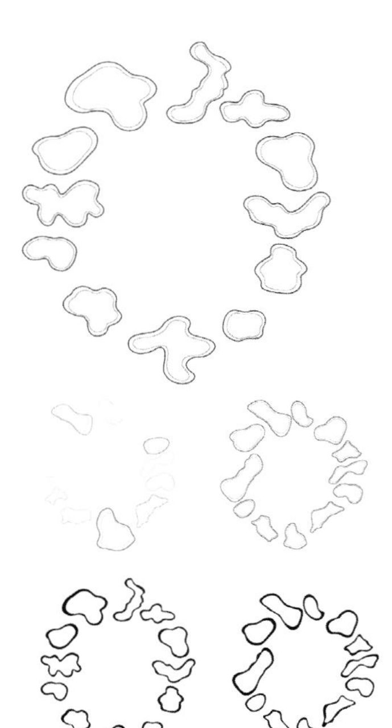

图5-4 提取光斑，生成项链元素并设计

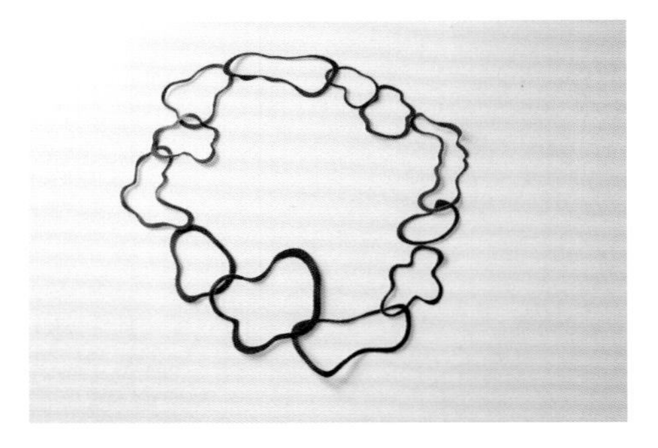

图5-5 纸质项链模型

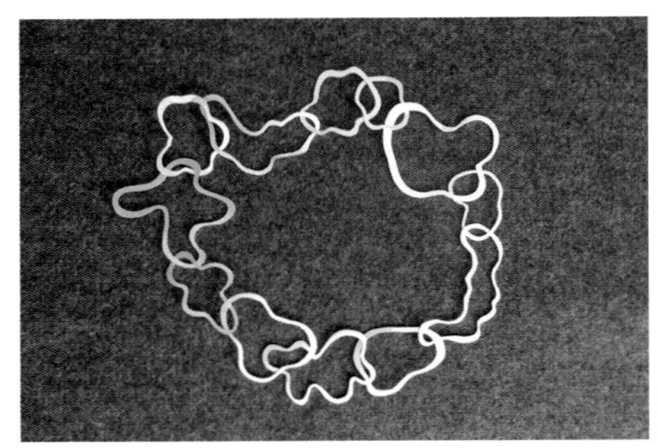

图5-6 《寸·光阴》银质项链制作完成

2.第二阶段的钛金属挂件

作者拿第一阶段设计制作出来的、可以用来佩戴的银项链当作道具，让每一个有意愿加入进来的个人任意抛掷银项链，每个人抛掷所得的图形结果都不同，作者会为每一个不同的结果继续设计完善，并展开不同材质与色泽的实验，最终选择钛金属材质为首饰材料，制作完成了属于每一个个体独有的“一片光阴”（图5-7～图5-9）。

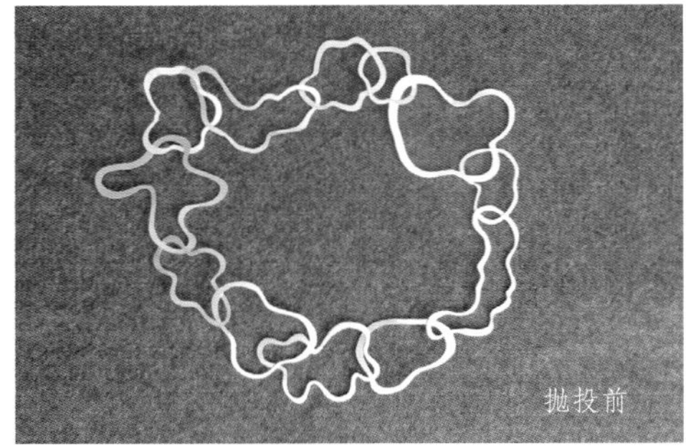

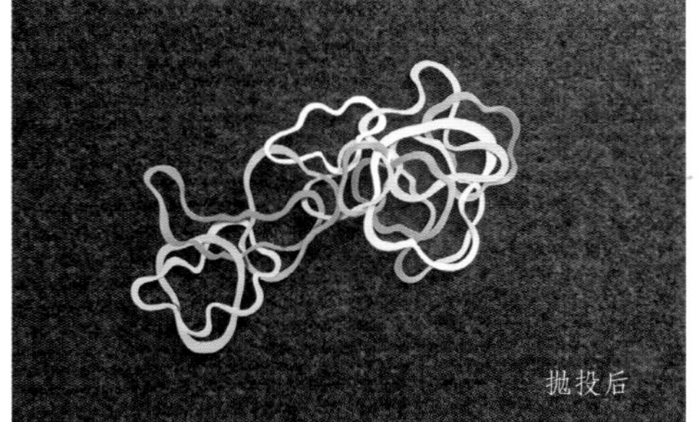

图5-7 抛掷第一阶段完成的银质项链，项链被抛掷后成形

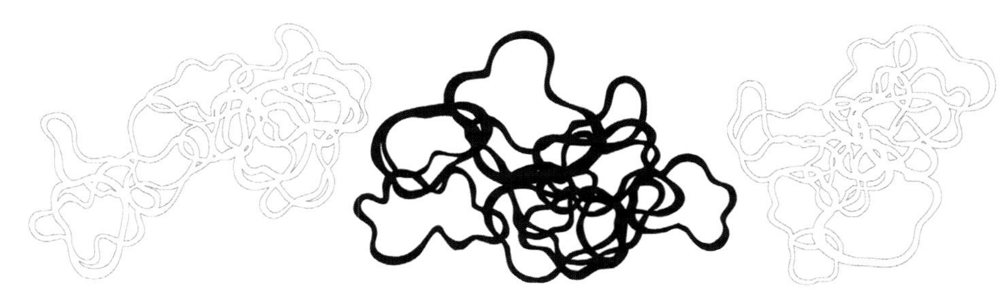

图5-8　抛掷成形图稿

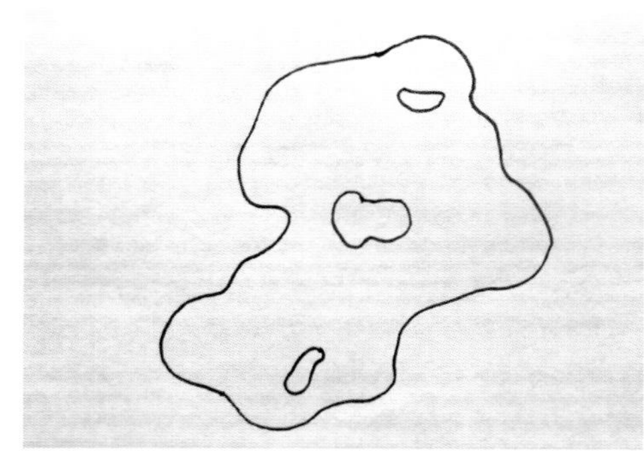

成形图稿后再设计

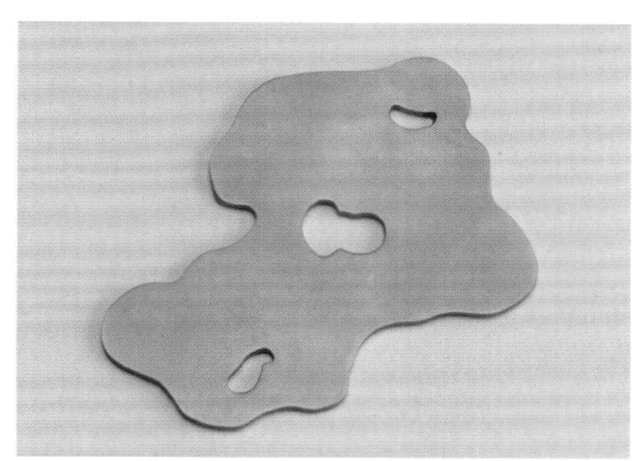

钛材质设计制作局部

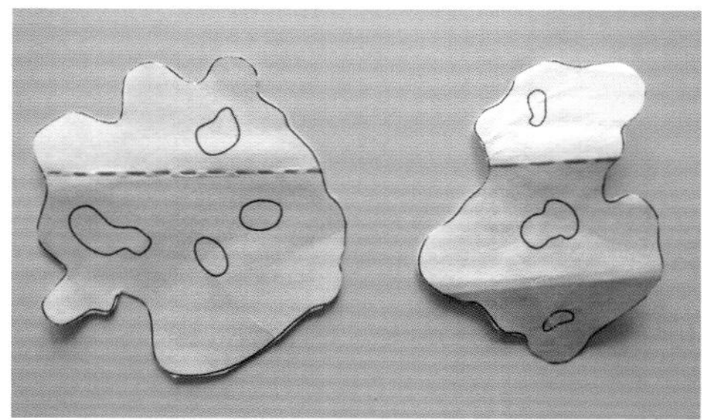

纸质实验构想

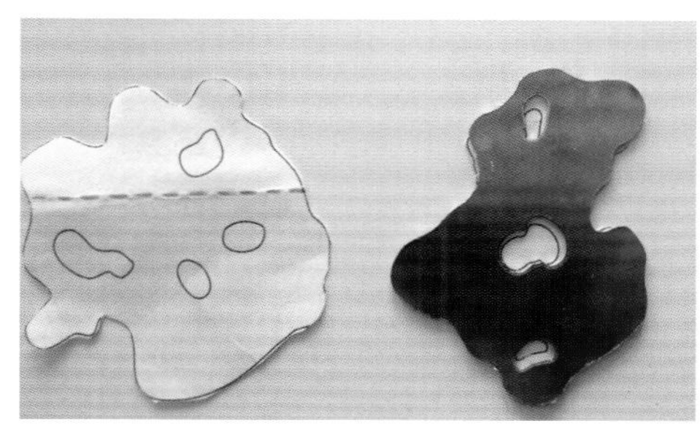

完成铜材质模型

完成制作并展出

图5-9　挂件设计制作过程

3. 首饰作品个展“寸 · 光阴Ctrl.+S”

2011年，作者的首饰作品个展“寸 · 光阴Ctrl.+S”，就是借由该作品的名字做了展览名。整个展览的展陈方式，对于该作品而言是一个需要独立经营的创作环节，作者必须兼顾它与展览中其他作品的关系。装置艺术是作者创作常用到的语言方式之一，这件作品也不例外。展览中，还有与作品同名的时长为1分11秒的视频作品。此外，所有展台的形态、尺度的微妙变化、色泽材料的选择与细节处理、展墙上的字体大小等都将成为作品不可忽略的部分（图5-10）。

银项链

作品展览现场之一

作品展览现场之二

展台外形边缘不规则变化的设计细节

展览现场中1分11秒《寸·光阴Ctrl.+S》视频作品

《寸·光阴》作品斜坡地台装置展示现场之一

《寸·光阴》作品斜坡地台装置展示现场之二

图5-10 《寸·光阴》作品展览现场

作品《寸·光阴》在展墙上的文字：太阳是你的玩伴，在她投来的光影中捕捉精灵。股掌间一捧光的精灵，聚散离合，凝结出一片唯你独有的光阴。你从不奢望拢住遥不可及的太阳，却可以在行囊中收纳到一片属于自己的阳光。

——滕菲

案例二《“蜕变”系列首饰#3》(郭新)

这件首饰作品名为《“蜕变”系列首饰#3》，由上海美术学院郭新副教授设计创作。

作者首次接触苗族的“花丝工艺”时，就被其精巧细致的工艺所吸引（图5-11），并开始思考如何将花丝运用于个人的艺术首饰中。

作者在研究“非遗”传统工艺“花丝”的时候，试图将其视为一种“线或丝”的艺术形式，而不是将其作为一种“少数民族（苗族）的首饰形态”。

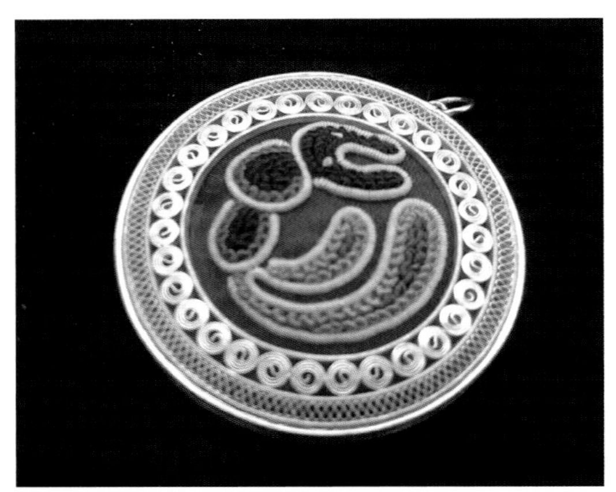

图5-11 苗族传统花丝工艺品：铜鼓纹样（左）、孔雀纹样（右）
摄影：郭新

1.作品创意来源

在大家已经熟悉的“花丝首饰”的概念中，它们是美丽的，而一件当代艺术首饰作品恰恰不是“审美的”，而是“求真的”。“美丽”反而可能会削弱作者所要表达的观念。在创作的过程中，“艺术家”通常会全程参与、亲自动手来完成整件作品的制作。而在此次与工艺美术大师合作的过程中，反而是希望只保留大师的“手工”，并强调作品观念的表达。因此，本套作品采用了多种材料相结合的方式来完成制作。

2.确定主题

花丝给作者的第一印象是通透、轻盈，尤其是在光的照耀下非常美丽。作者最想表达的是一种天使所代表的神性之光辉，以及人在神性、人性之间的一种挣扎与蜕变。在这个蜕变的过程中，甚至还有来自黑暗世界“魔性”的魅惑与搅扰。即便天使中也有代表黑暗的天使。这种神性、人性、魔性之间的争战、挣扎之痛，其中包含着各种断、舍、离以及悲欢离合的故事和场景。

3.素材搜集及草图

我们知道，天使的形象是风格各异、姿态不同的。有关天使的图像多数出现在西方教堂壁画、书籍插图中，大多与宗教故事相关（图5-12）。作者认为，最具代表性的是天使的翅膀。空灵、飘逸、似有天外来使的灵动之美。因此，简化为一种“羽翼”来象征一种升华、一种“羽化”的过程。

图5-12 绘画中的天使形象

4.工艺的选择与考量

作者希望保留花丝工艺的特性：玲珑剔透、精致细腻。因此最大程度借助花丝大师的“手艺”，制作作品的部分“零件”，最后组装而成。

5.“羽化”的过程

作者采用以纯银制作的素花丝来制作翅膀，而与之形成对比的内部造型，则是采用软陶制作。

在当代首饰的创作中，通常会采用某些非传统、非贵重首饰材料进行创作，其目的是挑战传统首饰材料中的“保值性、贵重性”，更能赋予作品不同的气质和语言。因此，软陶的介入能够充分表现“虫”在蜕变中的形态——那种黑暗中的扭曲、挣扎之状。这种蜕变恰恰迎合了作者想要表达的主题。

翅膀所包裹着的是一种“虫”的形态。也是人在蜕变中要经历的一种痛苦蠕动的黑暗时期，一种“蝉蜕”“羽化”的过程（图5-13）。

6.制作过程

在制作过程中，需要从二维草图过渡到3D部件的实验中，进行各种部件的多种组合方式的探索，再次思考草图是否还有改进的可能性（图5-14）。因为有时候草

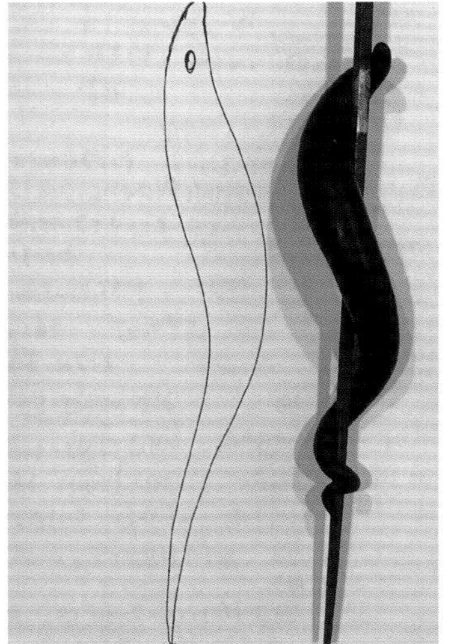

图5-13　羽化的过程

图跟实物的效果相差甚大，需要不断调整，最后才能获得最理想的效果（图5-15）。

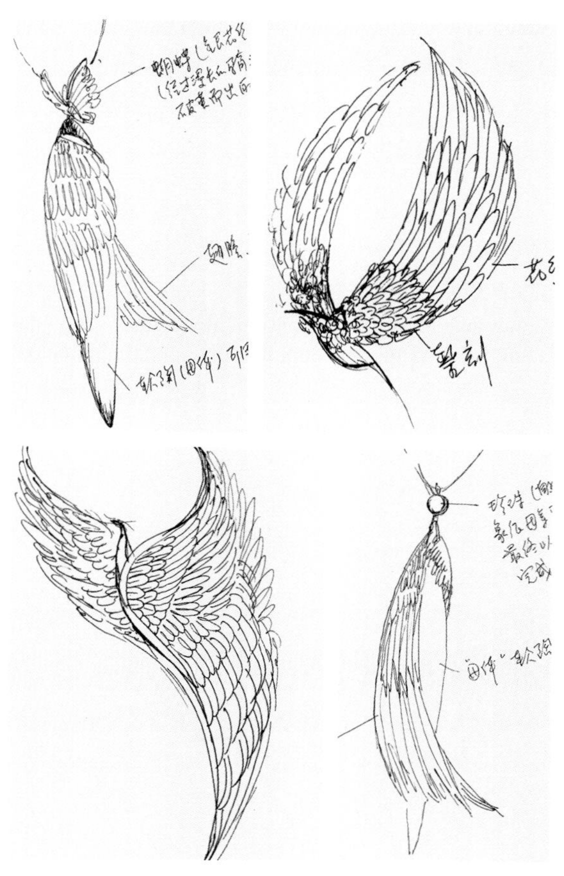

图5-14 《“蜕变”系列首饰#3》草图设计

作者：郭新

图5-15 吊坠《“蜕变”系列首饰#3》

作者：郭新

材质：银、软陶

尺寸：4cm×16cm×3cm

案例三《跳跃》(胡俊)

胸针作品《跳跃》由北京服装学院首饰设计专业胡俊副教授创作。

随着生活水平的不断提高，旅游受到了越来越多人的喜爱。旅行途中免不了要拍照留念，于是，大家纷纷在镜头前留下一跃而起的倩影。这股“跳跃式”造像潮流至今不衰。这是一种自我的放飞，一次情绪的释放。

1.调研与构思

这个过程可分为两个阶段。第一个阶段，设计观念的展开阶段。第二个阶段，对设计元素进行归纳，化繁为简，找到设计的切入点。

胸针作品《跳跃》的调研工作，从大量的旅游“跳跃”群像入手，观察不同情境下跳跃的动态特征（图5-16）。

在构思首饰作品中的跳跃动态时，作者采取概括的手法来对人体的动态进行简约化的处理。

图5-16 大家一起在镜头前“跳高高”

此外，作者在作品中加入一些中国传统的装饰元素：云纹（图5-17）。从这些云纹开始，作者经过反复推敲，最终找到平面性的云纹与立体性的人物动态相协调的表现手法。

图5-17　中国传统装饰云纹

2.草图

前期草图的造型手法相对比较具象。后来，为了模糊人物的个体性格差异，作者有意把人物设计成没有头部、脸部和手部的造型，以表达“跳跃”的共性特征。所以，后期草图的造型更为洗练，也更具有装饰性（图5-18）。

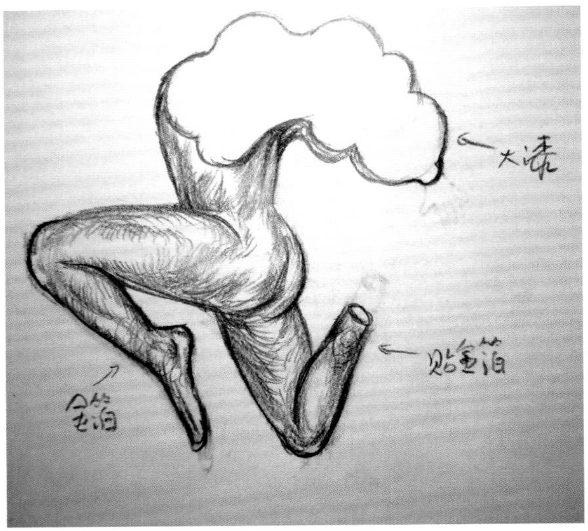

图5-18 作品《跳跃》前期与后期的设计图
作者：胡俊

3.制作

在这件作品的制作过程中，作者在人体左大腿的部位，用吊机的球形磨头挖出了一些凹坑，并在这些凹坑的表面贴了金箔。这些金色的凹坑形似云朵，它不但在形体上与人体上部的云纹造型产生了呼应，同时，也营造了一处视觉关注点和视觉中心。当然，这一串凹坑同样是对破碎、伤痛、游离的一种隐喻，与作品的主题思想是吻合的。

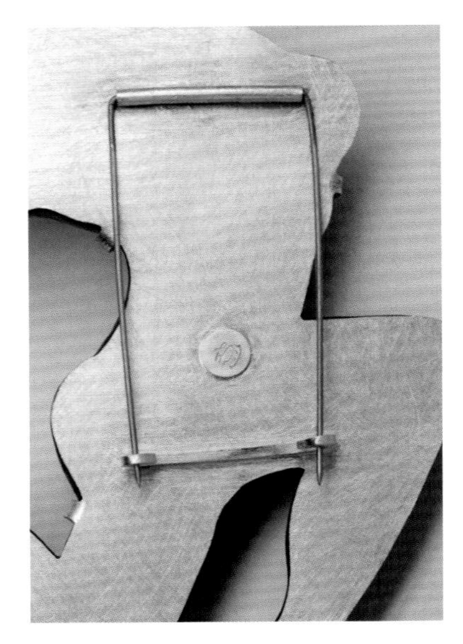

图5-19 安装背针

完成了作品的表面处理之后，作者精心制作了作品的背针部分（图5-19），使这枚胸针具备了可佩戴性。一件好的首饰作品，一定要具有极佳的佩戴性（图5-20）。

图5-20 胸针《跳跃》

作者：胡俊

材质：树脂、大漆、银、金箔、钢丝

案例四《“九龙壶”系列》（刘骁）

这套首饰创作实例由中央美术学院首饰专业的刘骁老师创作，在这套作品中，刘骁老师对传统与现代、民族与国际的相关问题做出了有益的探索和实践。

1.缘起

作者到云南鹤庆新华村调研錾刻工艺时，见到了当地银匠制作的九龙壶，它是鹤庆手工银器产业生态的典型符号，也是一段师徒关系的承载物。

2.亲手打造九龙壶

作者决定亲手打造一把九龙壶。

錾刻工艺的特点是从平面开始，通过錾子和锤子的锤敲作用，利用金属的延展、收缩性质，进而才有起伏高低的浮雕造型和更加立体的圆雕造型。

从技法到造型，作者都严格按照当地师傅的要求操作，遵守錾刻最原本的规则和经验，不加任何自己主观的处理，进入完全的学徒状态。当每一个零部件被认可，可以开始组装成壶时，作者选择在这个环节停下来。这时看到的不是九龙壶，而是一个个形态抽象并且陌生的单元（图5-21）。

图5-21 摆件《“九龙壶”1》

作者：刘骁

材质：银

3.现成品装配

作者将自己首饰艺术从业者的身份介入九龙壶的传习制作中，做一件所谓的“传统与当代的结合”的事情。

作者用从小商品批发城买来的现成品配饰：廉价的合金与塑料做成的珠串与项链，与九龙壶的分部件进行组装、搭配，用“现成品艺术”的方式来进行再制作（图5-22）。在另一个尝试中，作者将首饰中常出现的功能性结构，如针、环、链结构与九龙壶的各个部件结合，刻意寻找一种陌生的状态（图5-23）。

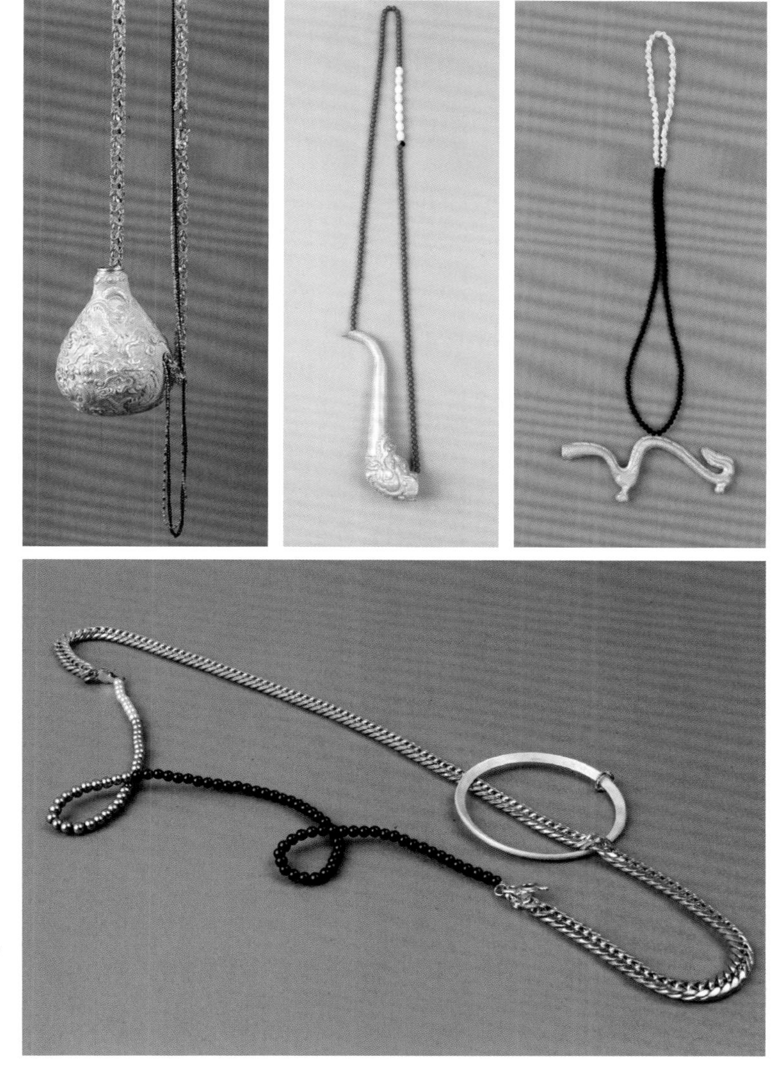

图5-22　项链《“九龙壶”2》系列

作者：刘骁

材质：银、现成品

图5-23 摆件《“九龙壶”3》系列

作者：刘骁
材质：银、18K金

4.银皮子

为了实现定制化批量生产的需求，当地银匠在20世纪90年代为九龙壶酒具设计了第一版模具：“银皮子”，即四片特定形状的金属片，分别是壶嘴、壶肚、壶颈和壶底（图5-24）。

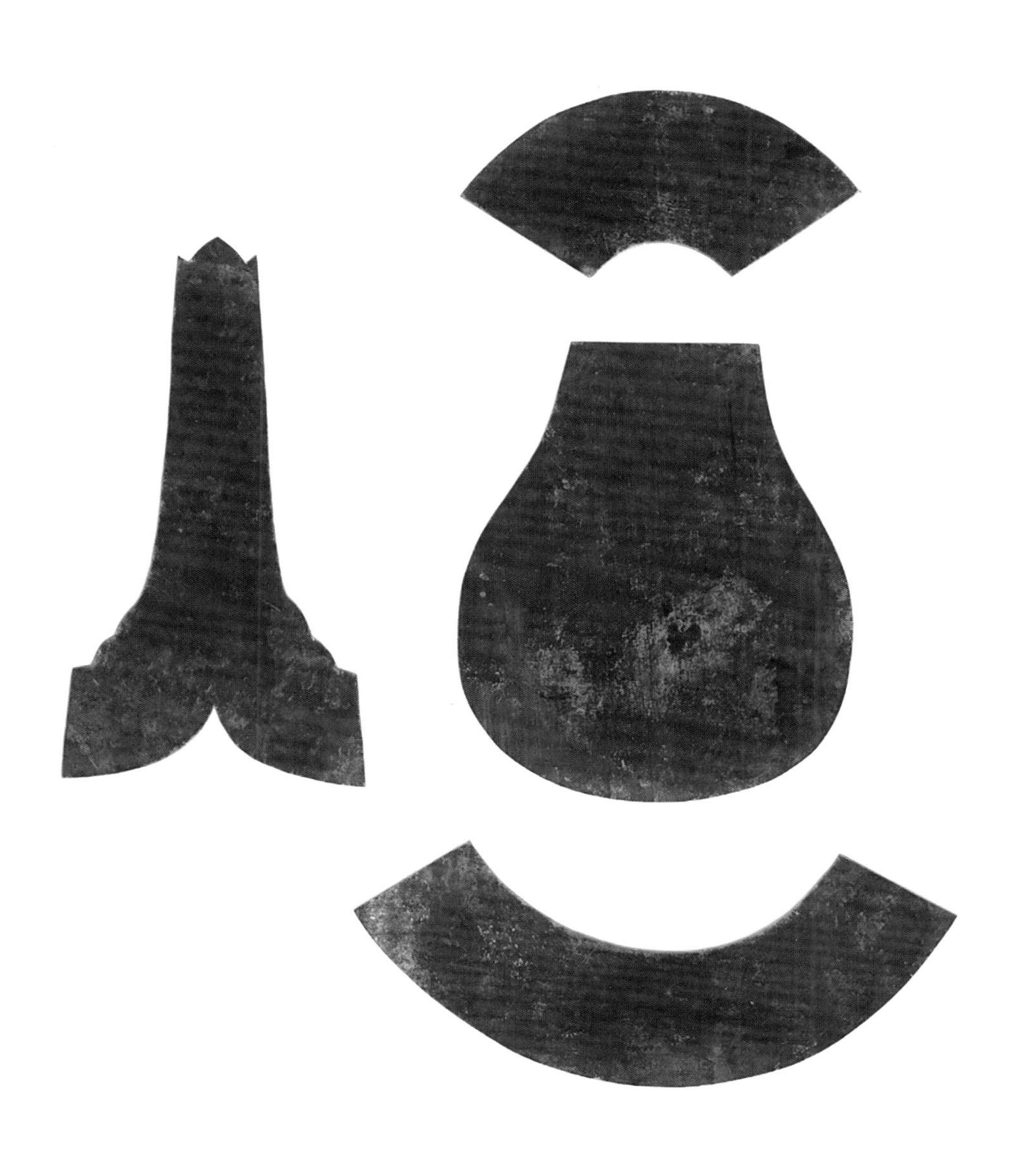

图5-24　20世纪90年代九龙壶酒具制作模具（复制品）

作者找到20多位当地的银匠，邀请他们每个人在这些“银皮子”上即兴錾刻。有些人会錾刻自己最熟练的图样，如龙凤、祥云、花鸟，也有人会錾刻出自己心目中的桃花源，甚至有人用“抽象”的方式表达当下的情绪，边聊天边錾刻完成之后，再把錾刻时的感受的言语直接书写在银片上（图5-25）。

图5-25 艺术微喷

题字作者：赵镜宇、何正华、段炳达、张增福、何正华、张家松、寸汉兴、董祯斌、张正光、杨龙

5.银皮子的再创作之一

作者将师傅们即兴发挥的薄片，用铁环套绕成立体形态。

铁环很沉，薄薄的银片经不住重压，必须寻找最合适的角度，铁环和银片才不会相互压制，才能建构出某种审美的形态。

这些元素组织在一起，既有冲突对抗，又相互成就，有着粗犷原生的意趣（图5-26）。

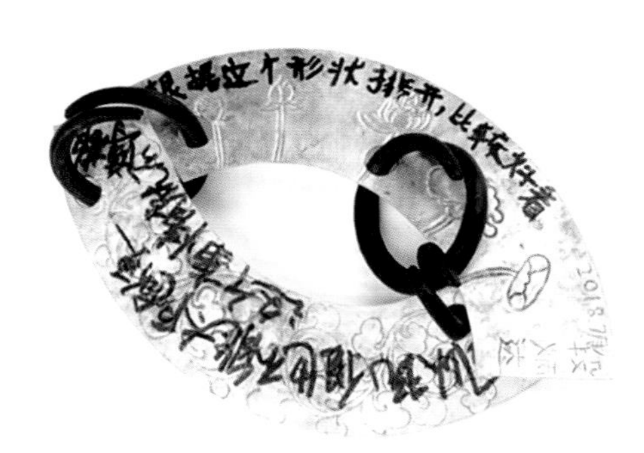

图5-26　摆件《“九龙壶”5》系列

作者：刘骁

材质：银、铁

6.银皮子的再创作之二

作者将九龙壶最初手工批量生产时的四片模具用长钉逐个穿起，搭建出多种空间形态，成为一件“雕塑”。底座是整体浇铸的铅块，是师傅们錾刻时作为垫板支撑银皮的常用材料，在此成为雕塑的底座（图5-27）。

图5-27　雕塑《立起来，塌下去，立起来，塌下去……》

作者：刘骁

材质：黄铜、铁、铅

案例五《艺术首饰物件之解构、关联与重构》(曹毕飞)

我国古代木造建筑中十字榫卯结构的基本造型以及在同一古木建筑中的重复堆叠运用，让广东工业大学的曹毕飞副教授，萌生了通过重复设计的方法尝试模仿此种结构造型的想法。而古木建筑在历史中的被毁、修缮与重建也促使作者思索解构、关联与重构的创作方法，并把它应用到自己的艺术首饰物件创作中。

1.十字榫卯结构

作者制作十字榫卯结构的过程是解构、关联与重构的过程。为避免一味模仿和复制传统，作者摒弃传统木造材料而采用金属材料来设计制作，由此制作而成的金属十字榫卯结构尺寸细小而坚固。

每一个长方丝被锯断、钻孔、穿孔、焊接和再锯断，形成数量众多的十字榫卯结构（图5-28）。

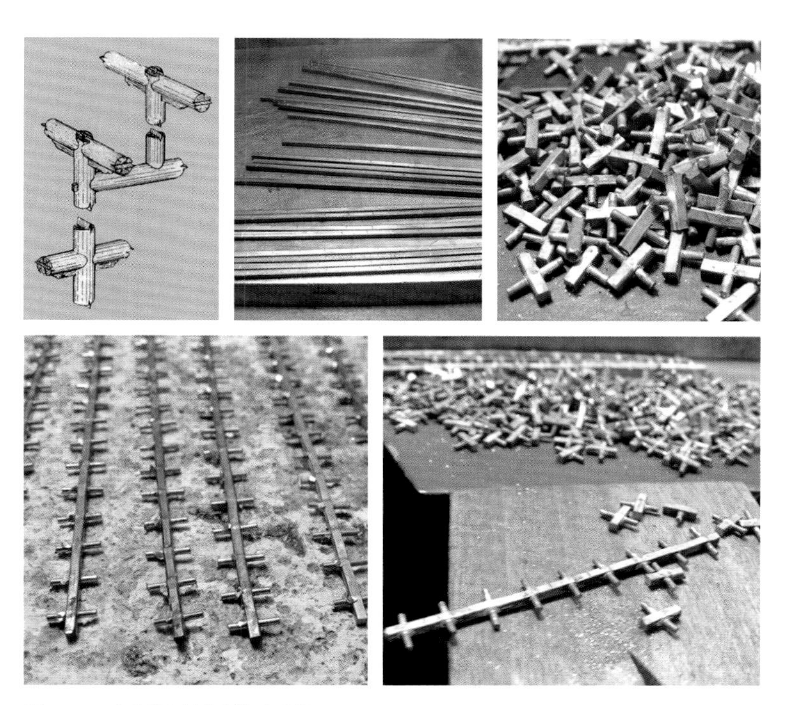

图5-28　十字榫卯结构制作步骤图

（左上一为古木造十字榫卯结构示意图）

2.艺术首饰物件创作

作者对我国悠久丰富的农耕文化有着深厚的情感，尤其对农耕文化中诸如耒耜、锄、镰、簸箕等农具情有独钟。

借助十字榫卯结构重构传统农具的簸箕和箩筐造型，将传统文化中的视觉形体通过当代方式进行再造，完成《冲洗》（图5-29）和《承担》（图5-30）两件作品的创作。

图5-29 胸针《冲洗》

作者：曹毕飞

材质：紫铜、黄铜、银

图5-30 项饰《承担》佩戴图

作者：曹毕飞

材质：紫铜、黄铜、银、竹子、麻绳

3.桌上器的创作

基于十字榫卯结构创作的桌上器《尴尬的位置》，是作者借助当代首饰物件映射文化理解与诠释艺术精神的一次实践。

这件作品采用清代乾隆时期的双耳簋式香炉（图5-31）作为造型来源。

在构思中，作者无意照搬传统原型，而是仔细分析香炉的每一个转折点与细节，用十字榫卯结构模仿其中的一半，做到造型的直接反馈，包括香炉抽象的龙或鱼形把手。

整件作品形成较为强烈的对比，从一半形态的逻辑秩序转向一半形态的无序与混乱，包括另外一半上面的手柄。

作品特意被制作成不能摆放在展台中央的样式，它只能放置于展台的边缘来进行展示，这种展陈方式会让观者产生不稳定与不适感，也正反映了作品陈列给人带来的些许尴尬（图5-32）。

图5-31　清代乾隆时期的双耳簋式香炉

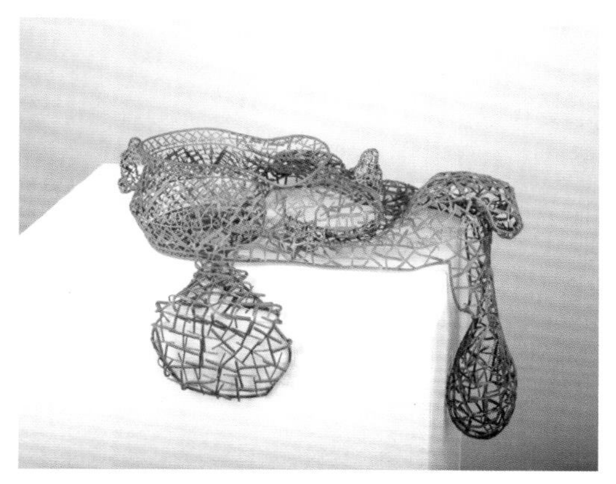

图5-32　艺术物件（桌上器）《尴尬的位置》

作者：曹毕飞

材质：紫铜、黄铜、银

案例六《大鱼》系列首饰（孙捷）

什么是我们这个时代的有价值的首饰设计呢？我们如何理解和认识作为一件独立的、又能与身体有关系的艺术品的存在？如何从一个三维角度去诠释和表达对新材料、工艺、文化或是对形式、概念和新的审美等问题的研究？基于不同国家和地区的文化、社会、商业甚至政治语境，不同的首饰创作方法是如何表现的？

这里介绍的《大鱼》系列首饰案例，由国家特聘专家、同济大学设计创意学院的孙捷教授创作。通过自己的作品，孙捷教授针对上述问题进行了有益的探索和研究。

1.设计的对象

传统的首饰设计方法中，通常会把“人”作为设计的对象，但是，在当代的语境下，首饰作为一个非常复杂的交叉专业，涉及设计学、工艺美术、艺术史、工业设计、时尚、社会学等学科知识。所以，基于对这些问题的思考，作者开始了以“首饰”作为设计对象（而非“人”）的思考。

这个换位过程中，首饰作为物体和对象，成了中心。首饰之所以能够区别于单纯“物”，是由于其具备的特殊属性：佩戴性，于是“物”与“人”的关系探讨也就成了作者最初的研究重点。在这个关系的探讨中，需要明确的是“首饰”是设计的对象，“人”有且仅有三个角色的功能存在：创造者、佩戴者、观者，这三个角色决定了首饰的定位。

2.《大鱼》系列首饰

胸针首饰作品《大鱼》是基于“人与首饰”的关系探讨设计系列中的第一件作品。这是一件“未完成”的作品，因为作品的造型是一条游动着的、扭动着的鱼尾，其形态和一条鱼钻入水中的造型特征一致（图5-33）。尤其当佩戴者戴上这件胸针（鱼尾）的时

图5-33　鱼的动态

候，“化学反应”才会发生，这条“鱼”才得以完成（图5-34）。

《大鱼》作品的实体部分是胸针本身：扭动的“鱼尾”。而另一个看不见的部分：鱼头和鱼身，是观者与佩戴者臆想中的部分，是需要脑补的部分。这条“鱼”钻进了佩戴者内心，存在于她的内心。于是，这件胸针的设计在概念上得以完成，是基于佩戴者的佩戴才得以实现。

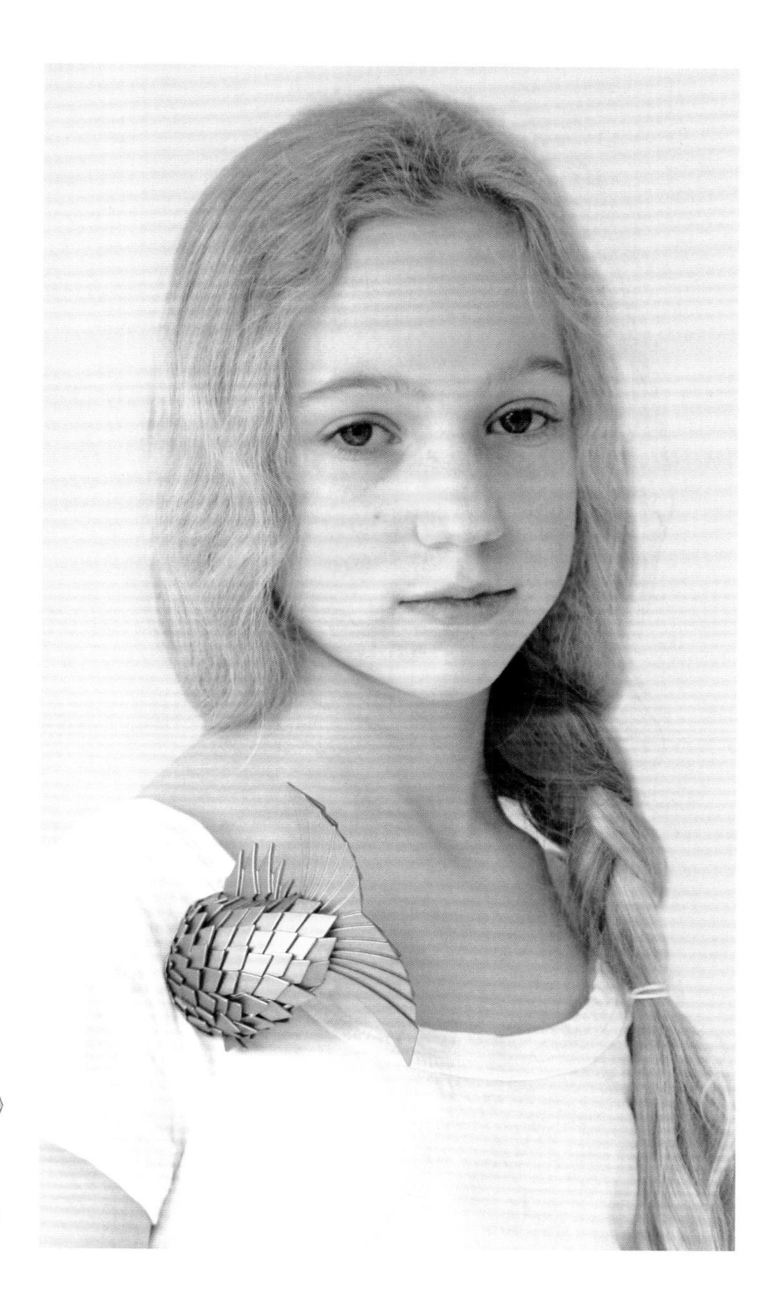

图5-34 胸针《大鱼》佩戴图

作者：孙捷

材质：飞行器木、白银、金箔、大漆、综合材料

这个研究主题下的作品不止《大鱼》一个系列（图5-35），还包括了如《国王》系列（图5-36、图5-37）等3个系列的14件作品。

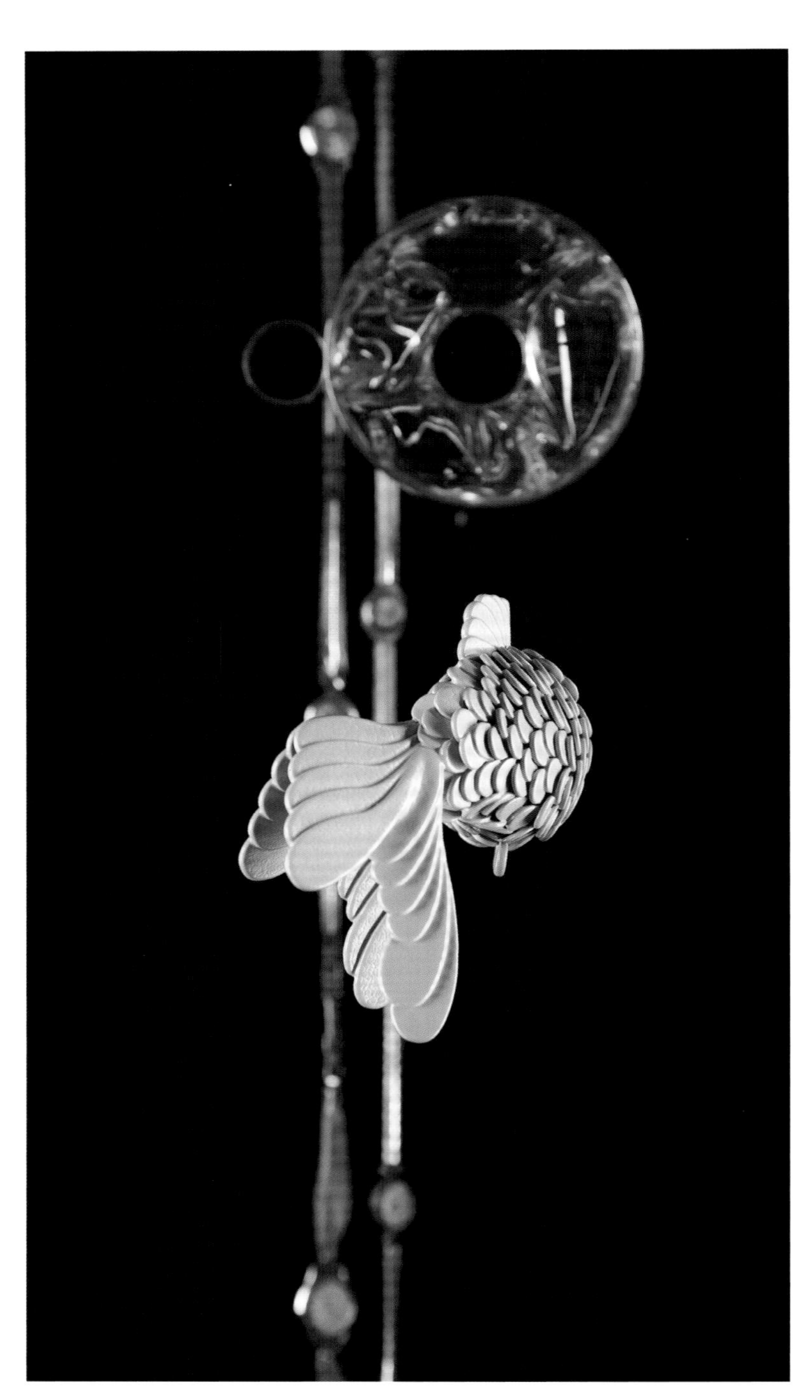

图5-35 胸针《大鱼》粉色系列

作者：孙捷

材质：飞行器木、白银、漆、综合材料

摄影：托马斯·安格布鲁克（Thomas Aangeenbrug）

图5-36　胸针《国王》系列

作者：孙捷

材质：飞行器木、银、钻石、漆、钢、综合材料

摄影：托马斯·安格布鲁克

图5-37 胸针《国王》佩戴图

作者：孙捷
模特：史蒂文·奥普林森（Steven Oprinsen）
材质：飞行器木、银、钻石、漆、钢、综合材料
摄影：米西亚（Misjab）

3.工艺与材料的处理

《大鱼》系列作品除了设计概念上的创新与研究外，在工艺与材料的处理方面也做了很多的思考。作品的模型制作阶段相当复杂，糅合了金属工艺、木工艺、大漆工艺等多种工艺技术。

作者重视基础造型，为实现生动的“扭动感”，先搭建鱼身，然后采用数以百计的特殊造型的鳞片，一片一片朝着“鱼尾”扭动的方向手工搭建起来。鳞片的材料选用制作航空航天设备用的0.5mm超轻型木片，用电脑造型后，使用激光雕刻机切割（图5-38）。之后，还需要对每一片鳞片进行两次不同粗细度的打磨。

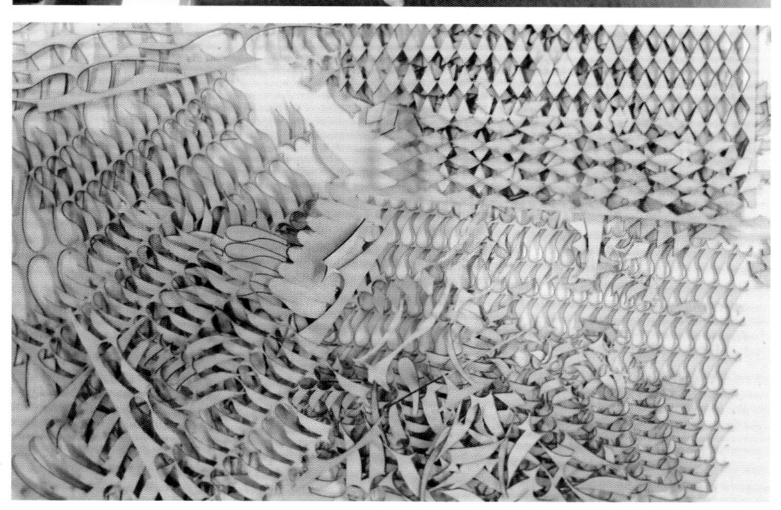

图5-38 鳞片激光雕刻过程图

4.背针的安装

完成了基础形态后，需要对造型整体涂刷高精树脂，以确保其鳞片的坚固性。待干透后，再从鱼尾的中部用手持打磨机对鱼尾的空心内壁整体打磨，在这个过程中会打磨掉最早期的基础形体的造型材料，使作品的整体重量降至最低。最后则是用金属工艺中的失蜡浇铸法制作胸针与身体接触的部位（图5-39）。

图5-39 《国王》胸针背部细节图

案例七《虚纳万象-线条》(梁鹂)

几何学概念中的线是由移动的点构成，与时间和空间概念存在着密切的关联。长期旅居瑞典的独立首饰艺术家梁鹂，深深陶醉于自然界中树木枝叶一点一点生长的过程，那是它们在空中画出的姿态各异的线条画。同时，梁鹂痴迷于线条绘画作品，对欧洲文艺复兴时期德国画家阿尔布雷特·丢勒（Albrecht Dürer）笔下的线条情有独钟，因为，丢勒画中的线条能够生动勾勒出肖像人物的精神气质（图5-40）。

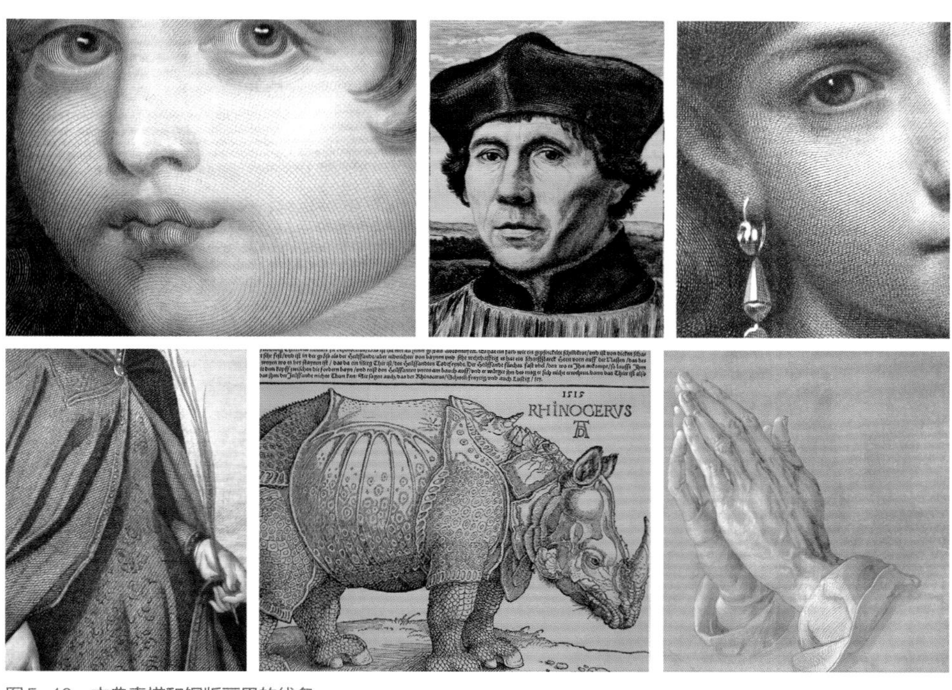

图5-40 古典素描和铜版画里的线条

1.关于线条

我们的认知能力和意识脉络沿着某种特定的规则在不断演化，从点到线，从线到面，发展出无限可能。线条能够跨越实体事物与抽象情感的边界，并互为转化和相互表达，线条变幻莫测，既充满理性又无限感性（图5-41）。

线条概念体现出实体与精神并存的哲学含义，因而拥有了无限想象的空间，能将万事万物揽于其中。

图5-41 项饰系列《线条》

作者：梁鹂

材质：铜

2.一块石头 / 记忆之线

瑞典西海岸的冬季，靠近陆地的海面会凝结成厚厚的冰面，微弱的光线穿透冰层钻入海底。借助反射光，冰裂纹理显出错落有致的立体分割线。这些线条让作者想起小时候，家里的书柜上摆放着各种形态的石头，那是父亲的收藏。闲暇时，父亲会用蘸着蜡的白纱布擦拭它们，润滑的石头表面细密的条纹就会显现得更加清晰（图5-42）。

自从作者接触国画艺术作品之后，对线条的理解便被带入了一个新的阶段。作者有一次偶然看到南宋画家马远的《水图》，唤醒了作者童年时期对线条最初的记忆，同时，它也把中国古典绘画中对线条的精妙运用淋漓尽致地展现在作者的面前。

中国古典绘画借助于抽象的线条在二维平面上勾勒立体的景象与想象，形成独特的视觉语言（图5-43）。

图5-42　各种石头的纹理

图5-43　中国传统绘画艺术里的线条

3.实验与选材

在材料和形式的探索阶段，需要做大量试验，系统地研究各种可能性并且不断排除会引发歧义的东西，直到材料生成新形式。

材料试验与选材的第一阶段：卡纸模型。使用卡纸依据线条的各种形态制作基础模型，尝试不同尺寸、密度、体量的线条形态。

材料试验与选材的第二阶段：对不同材料的实验。作者曾经使用陶瓷、皮革、塑料、金属等材料，在工艺上尝试各种技术产生的可能性，这个阶段的工作需要各种工艺的介入。经过大量的尝试，作者最终选择使用金属铜片作为自己创作的主体材料（图5-44）。

图5-44 选择铜片作为主体创作材料

4.作品的系列化

系列化阶段的主要任务就是完成作品的系列化创作（图5-45）。

对线条的不同理解可以产生不同层次的解读，体现在作品上就是拓展出一系列的作品。系列作品中的每一件作品，分别以某种特定的角度或情感来表述，或冷静理性或跳跃灵动，都从不同角度展现了线条的丰富内涵。

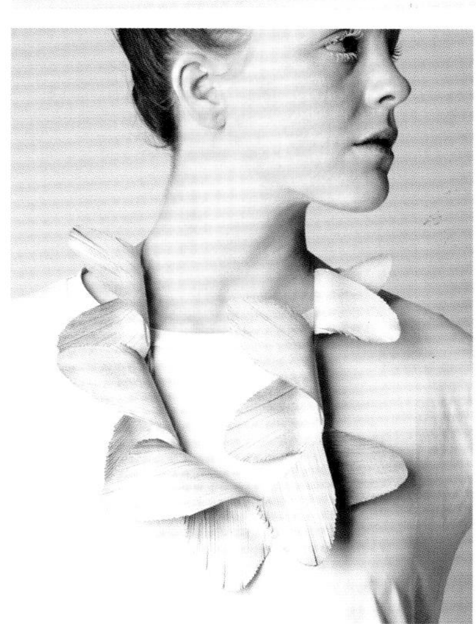

图5-45 项饰系列《线条》

作者：梁鹂

材质：铜

案例八 《通往未知世界》（吴冬怡）

梦，是愿望的达成。然而，人们时常会在心情不畅、压抑或百思不得其解的时候做恶梦，恶梦初醒，心里往往会更烦躁。因此，民间出现了自我安慰的说法：梦都是反的。

不仅如此，中国古代更有借着“貘”来吃掉恶梦的说法。后来，这传说流入日本，日本《和汉三才图会》记载：貘是一种“象鼻犀目，牛尾虎足”的动物。人们希望“貘”有超凡的神力，能吃掉恶梦、逢凶化吉，给人们带来好运（图5-46）。

这件首饰由美国得克萨斯州西南艺术学院的讲师吴冬怡创作。

图5-46 由日本浮世绘画家葛饰北斋绘制的《食梦貘》

1.理论分析和推导

梦是一种奇妙的心理和生理活动，我们每个人都有过做梦的经历。夜晚万籁俱寂，人们进入梦乡，人的肢体停止了活动，但是大脑却依然处于活跃状态。大脑中的信息以虚拟图形的形式呈现在我们的脑海里，这就是所谓的“梦境”。

无疑，梦具有私密性和自我性，梦中出现的那些不同类型、形态的动物，虽然和自身外在的生活环境和阅历相关，但是，起主导作用的还是人内在的潜意识与思想情绪。

由此看来，我们的情绪主导了梦。梦是心灵的显现、愿望的达成。在生活中，我们直接接触到可以移动、可以寄托情感的生物就是动物，很多时候，人们将自己的愿望变幻为动物，怪异的动物图形也曾出现在人们的梦里。

2.灵感与草图

在首饰作品《通往未知世界》中，作者决定用斑马的后腿和猪的脑袋来创作作品。

斑马最显著的特征就是黑白对比鲜明的条纹，它就像白昼和黑夜的更迭，梦也随之循环往复地出现。猪，虽然是我们日常生活中常见的动物，但是人们对它的情感却不同寻常，这反映了人类情感的复杂性和多样性，两者的结合营造出一种诙谐的、不安的感觉。

作品中，有一个椭圆形的底座，凹凸错落有致，一边是白色，一边是黑色。这个底座不仅是动物活动的场所，也是时空转换的空间。斑马从黑色部分钻入，从白色部分钻出，空间和时间在这里转换，这使人产生一种穿越感，简直梦幻又离奇（图5-47）。

在这个底座上有许多旋涡状的条纹，它们处于同一平面，有着超凡的魔力，它

图5-47　作品草图

作者：吴冬怡

既像人的指纹，预示着某种神秘的宿命或未知，同时，它又像河水的涟漪，形态随着水流不断变化（图5-48）。

图5-48 水中的旋涡

作者的创作时常会受到超现实主义画家雷内·马格利特（Rene Magritte）的影响。马格利特的超现实主义绘画作品一般采用阴冷的色调（图5-49），营造平静、阴郁、梦幻的超现实世界。

图5-49 马格利特的作品

受其影响，作者在这套作品中主要运用了黑色和白色两个基础色调，这两个色调为动物们提供了肃穆安静的活动空间。

3.材料选择

对于椭圆形底座的材质选择，作者想到了石粉黏土，这种材料既没有金属的尖锐感，也没有水泥的冰冷感，它有十分自然的白色质地，同时，石粉黏土的可塑性较强，重量轻巧，它不受外界环境温度的变化而变化，有近似人体温度的体感温度，这与人在梦中感觉到的温暖感以及梦的轻盈感比较贴近。胸针的底托结构用银和镍制作而成，并焊接有与胸针整体造型相似的卡扣，从而加强首饰的佩戴性（图5-50）。

图5-50　胸针《通往未知世界》佩戴图

作者：吴冬怡

材质：925银、镍、银、塑料、黏土、蜡线、不锈钢针

摄影：钟康鸿（Kanghong Zhong）

总体来说，这件胸针作品（图5-51）通过把相互没有关联的动物的身体局部：斑马的腿和猪的脑袋融合在一起，凸显了人类情感的复杂性、矛盾性，犹如人的情感和梦中的潜意识一样潜藏于心灵深处，秘不可宣。那是一个神秘的未知世界，只有在现实之外的梦境空间里才能“真实地”呈现。

图5-51 胸针《通往未知世界》

作者：吴冬怡

材质：925银、镍、银、塑料、黏土、蜡线、不锈钢针

摄影：伊丽莎白·托格森－拉马克（Elizabeth Torgerson-Lamark）

案例九《由外及里》(程之璐)

面饰作品《由外及里》由北京服装学院教师程之璐设计制作，作品展示了人们在自我认知过程中的“向内看”与“向外看”的不同视角，作者通过作品来探讨真实的“自我”在私人领域是如何被探索和揭示的。作品强调了身体背后的“自我”，也解释了如今身体被“物化”的现象（图5-52）。

通常，我们认识自己是通过别人的观点来认知的，但有的时候这种认知会有局限性。

作者非常好奇自己是如何看待自己，以及别人是如何看待她的。

这套作品一共由17件面饰作品组成，它们其实是作者用来调整自我形象的某种神秘工具。

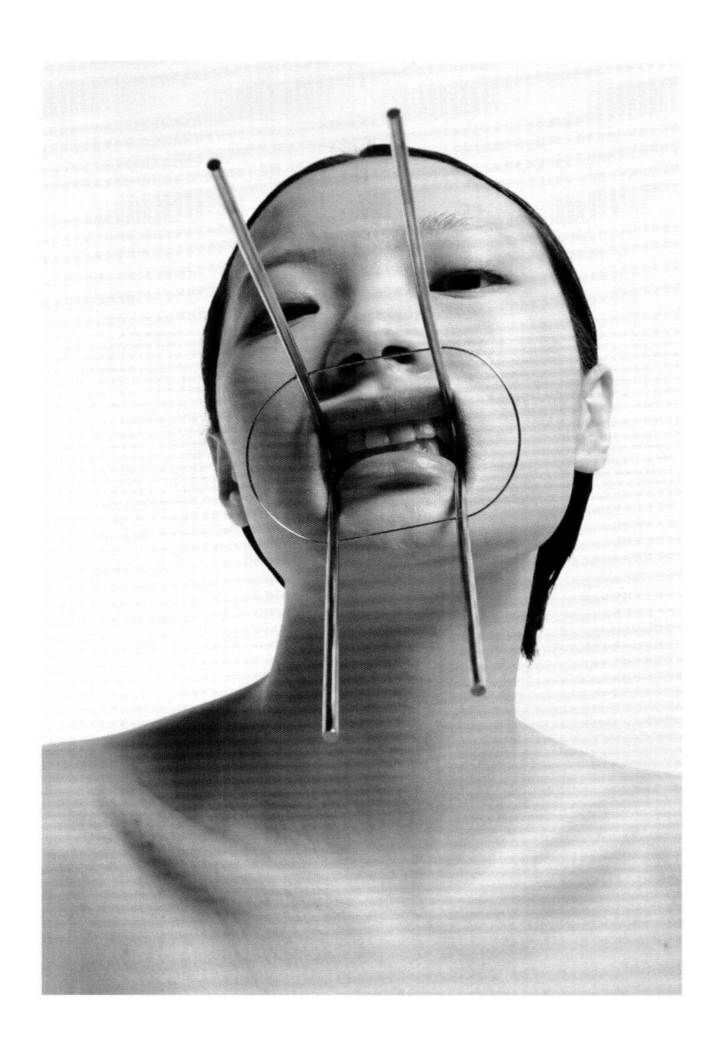

图5-52 面饰《由外及里》

作者：程之璐

材质：不锈钢

1.美是什么

美，本质上是一种主观的文化或评价标准，它是相对的。世界上不同的种族有不同的文化审美行为，图5-53展示了人类通过对身体近乎病态的改造和变形。

图5-53　不同民族对身体进行改造

2.设计与制作

这套首饰作品的初期设计阶段是遵循对身份证件照的拼贴和草图绘制来进行的，之所以选择证件照是因为它是向他人证明“我”是“我”的一个凭证。而这个“我”，是真实的“我”吗？

接着，作者做了很多面具模型，在这里，所谓“面具”是指“面部的工具”，人们可以借助这些工具的帮助，来做各种面部“表情包”（图5-54）。

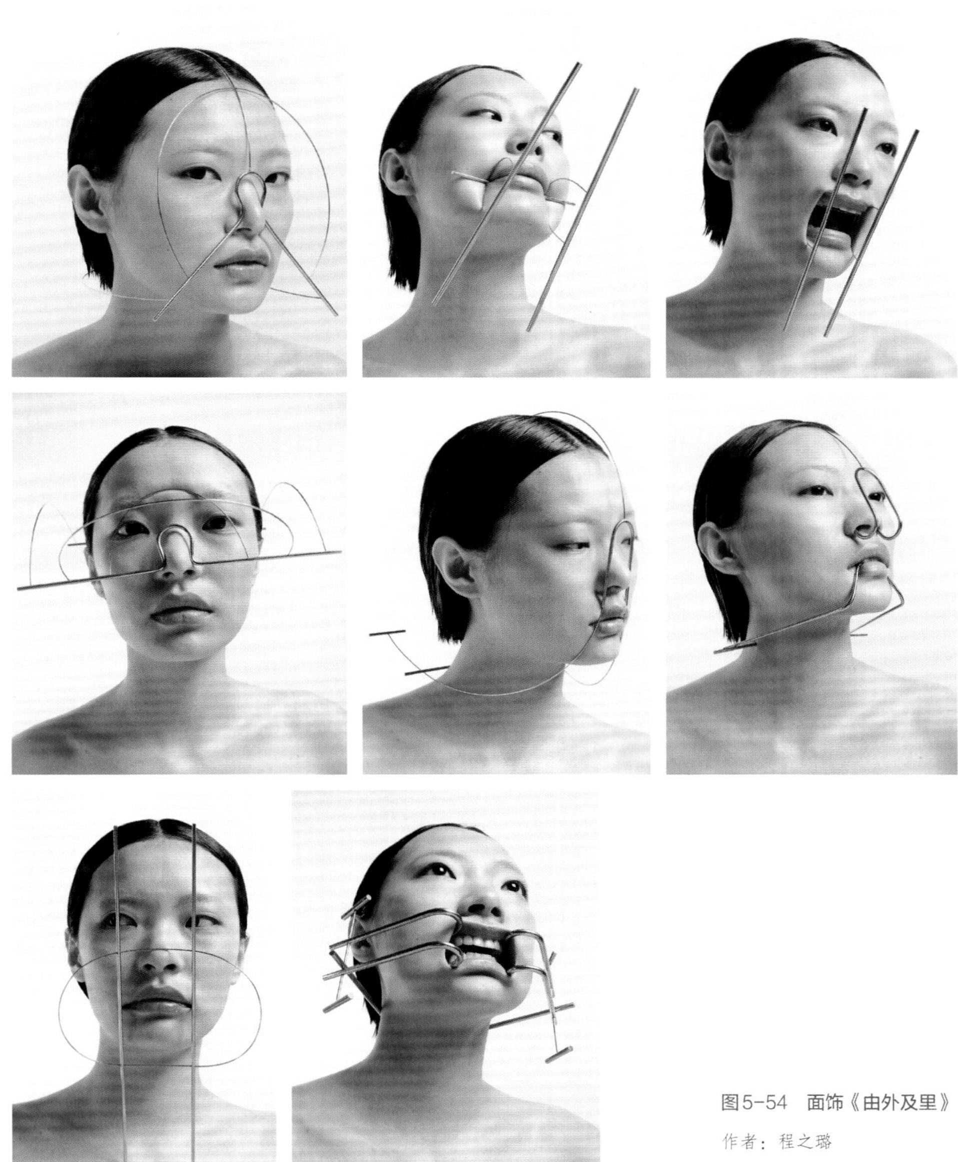

图5-54 面饰《由外及里》

作者：程之璐

材质：不锈钢

3.作品的展陈方式

在展示方式上，作者在展览现场制作了这件互动装置："镜中自我"（图5-55）。

作者认为，在与他人的交往中，人们首先想象自己在他人眼中的形象是什么样的，其次想象他人对自己的形象的评价又是什么样的，根据他人对自己的评价，形成自我感。这个过程，犹如人们在镜中看到的自我形象，最终，人们从他人对自己的判断和评价这面"镜子"中发展出了自我意识。

图5-55 作品佩戴与展示方式

案例十《逃跑计划》(柴吉昌)

独立首饰艺术家柴吉昌从来不会为了纯粹装饰而创作首饰。可以说，在首饰创作的早期阶段，欧洲的首饰艺术大师的作品给了柴吉昌很大的影响，但影响他的不是形式，而是对艺术创作观念表达的态度以及作品的幽默感。

柴吉昌打算用这套系列首饰作品（图5-56）来叙述一段荒诞的旅程，这段旅程的设计灵感来自一个佛教故事《饿倒的旅行者》。

图5-56　吊坠《逃跑计划》

作者：柴吉昌

材质：铜、贝珠、软陶、亚克力、白松石、玻璃

故事情节是这样：一位精疲力竭的旅行者，在一个森林里饿倒了。佛祖派了熊、狐狸、兔子去救那个旅人。熊为他抱柴点火取暖，狐狸为他带来了野果，只有渺小的兔子什么都做不了，最终兔子跳进了火堆里，自己变成了烤肉，成为旅人的食物，救了旅人。

作者被这个故事深深地打动了，他知道自己的感动是如此真实，于是，他尝试用首饰去描述这个故事。

1.关于调研

对于作者来说，首饰作品的创作大多源于一种感性的触动，这种触动是真实的、鲜活的、具体的，无需再去相关领域进行详尽的调研。

作者没有去挖掘这样一个佛教故事背后所蕴含的哲学或高深的智慧，这与他的创作初心不符。

作者认为，以一颗简单的、充满童真的心灵去面对这个故事就已经足够了，一切思辨性的东西都是多余的。

2.草图模型

柴吉昌并不是一个愿意投入大量精力绘制设计草图的艺术家，不过，这并不代表他的创作是草率的（图5-57）。

作者习惯于在头脑里思考、推敲和完善设计观念与形式，并花费大量时间去寻找有意思的材料，这是一个感性占较大比重的过程。然而，一旦决定实施制作，作者的态度就会变成绝对理性的了，此时，他可以绘制较为完善的图稿，图稿的细节和尺寸标注都已十分清晰和准确（图5-58）。

在模型制作方面，作者会制作一些作品局部的模型，因为，各个

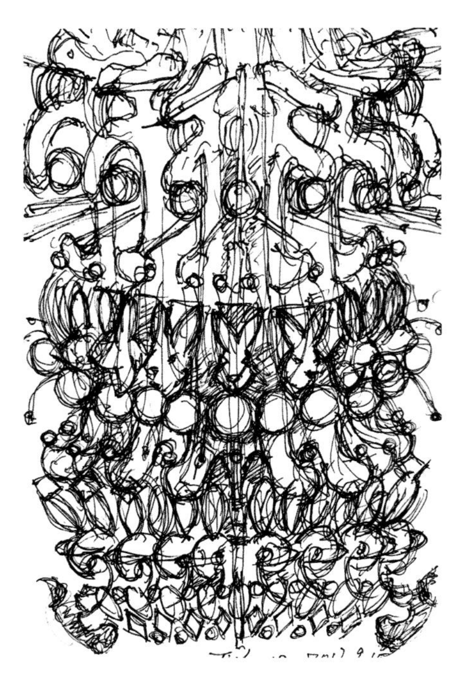

图5-57　吊坠《逃跑计划》设计草图

作者：柴吉昌

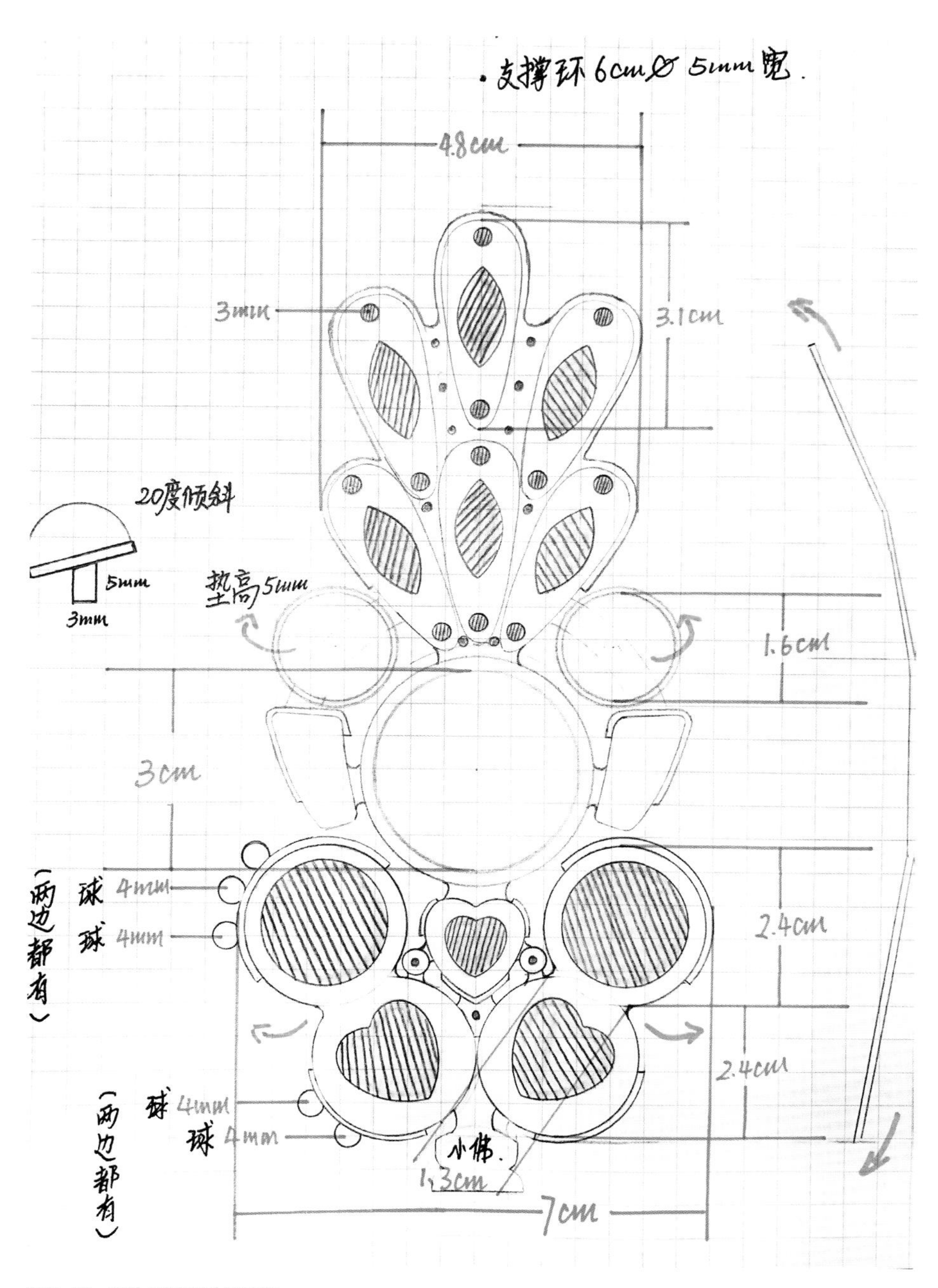

图5-58　较为完善的设计草图

作者：柴吉昌

局部之间的连接与整合是至关重要的。而局部模型的制作，可以使作者保持一种大局观和整体感。

3.选材、配色与制作

在平常的生活中，作者对身边的一切都保持着好奇心，遇到好玩的、有意思的材料或物件，他都会细心收藏。然后把所有的材料糅合在一起，做一个大体的配色实验（图5-59），边做边完善。

制作工艺方面，作者并不追求在自己的作品里凸显任何一种制作工艺之美，只要是觉得好玩、适合自己，作者就会选用这种工艺来制作首饰。

大体上来讲，作者的创作计划是比较完整的，而“边做边完善”指的是局部的、小范围的改动。所以，作者不会在作品中追求所谓的“完美的形式”，也不会把形式感做到极致，而是在作品里“留白”，把一件首饰当成一部章回小说，这一篇没说完的话，还有下一章，从而给观者留下回旋和想象的空间。

图5-59 吊坠《逃跑计划》的选材、配色和制作过程
作者：柴吉昌

4.作品系列化

这套首饰系列作品中其他两件胸针（图5-60、图5-61），其设计思路与手法均与第一件保持高度一致，系列感极强。

整件作品的风格看上去有些卡通化，有幽默感。事实上，幽默感在这件作品里不仅是一种感知呈现，更多的是一种态度，它能够留给观众一种回旋余地。

图5-60 胸针《逃跑计划》系列

作者：柴吉昌

材质：铜、贝珠、软陶、亚克力、白松石、玻璃

荒诞的形象可以引发笑意，继而会有嘲讽与自嘲的反应，就像这件作品里用萝卜造型来表现童趣，虽然是一种很“幼稚的”象征性表现思维方式，但萝卜造型也可以用来象征“安全感”和“最宝贵的东西”。

作品里，兔子转世成为“月兔”身份，由于无法忍受阴暗、寂寞、单一的月宫生活，凭借非凡的勇气，带着萝卜，搭乘飞行器成功逃离月宫。这是一种近乎荒诞的描述，这就是作者的创作态度，他不在乎这种荒诞不经，也不需要在自己的作品中表现合理。

图5-61 胸针《逃跑计划》系列

作者：柴吉昌

材质：铜、贝珠、软陶、亚克力、白松石、玻璃

案例十一 《肌器》（刘琼）

人体可以产生机械能，再由此转换为其他能量完成日常活动，所以人体是最天然的机器——有机肌肉机器。独立艺术家刘琼通过自己的首饰创作，呈现了针对有机与无机的另类解读，也由此引发了人们针对有机与无机的再度思考。

1.动态首饰

作者刘琼认为，首饰是用来装饰人体的，动态首饰也应该依附于人的身体，并随着人的身体动作变化而变化。

2.机械结构

机械结构之所以被发明出来，就是为了帮助人更好地进行生产活动，一方面，它其实是人身体的一种延伸，另一方面，人体其实也是一个复杂的机械系统。

人体和机器都具有驱动系统，都是由中枢系统、传动系统等几大系统组成，两者有很多相似的地方。人的肢体变化，其实是通过肌肉牵拉骨骼而产生的，所以，人是天然的肌肉机器。

3.设计与制作

最初的阶段，作者查阅了很多关于机械结构的文献资料。作者从一种简单的结构入手，争取把这种结构做到极致。

作者选用最简单的杠杆原理来制作自己的这套作品，作品中既有人的肢体活动，也有杠杆原理。确定了这个主题之后，作者从人体几个有代表性的部位，如颈部、肩膀、手臂、膝部等部位来进行创作。经过绘制草图，并不断完善草图之后（图5-62），进入选材和制作阶段。

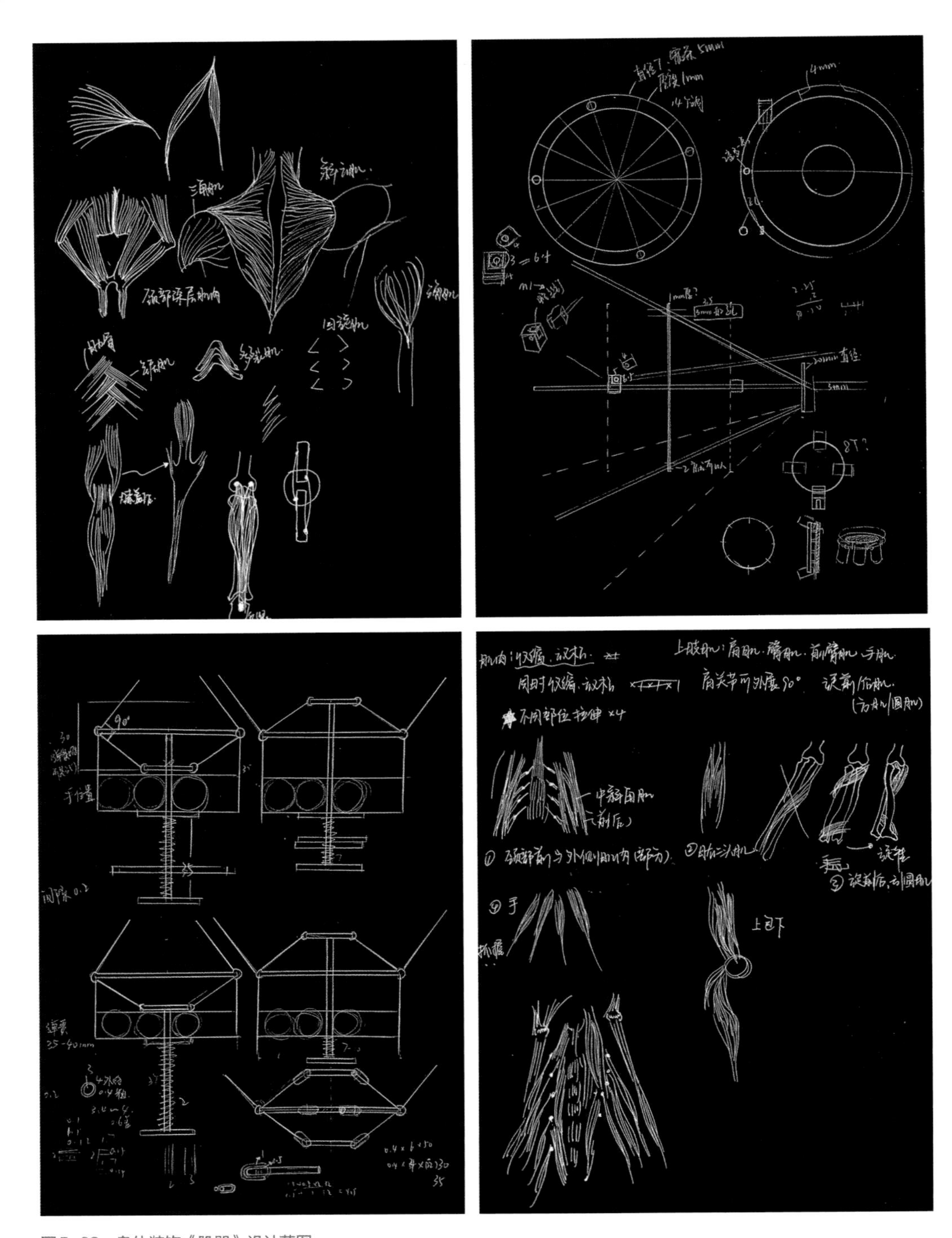

图5-62 身体装饰《肌器》设计草图

作者：刘琼

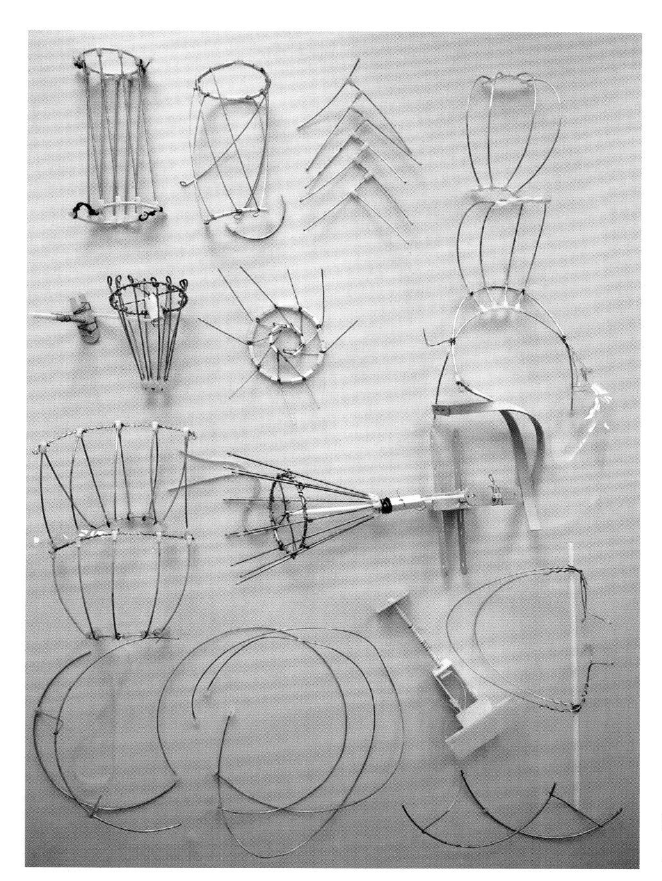

作者选用金属材料来制作作品，并进行了金属结构试验（图5-63），运用激光切割技术来精确切割钢材。在此期间，作者与技术工人不断交流与磨合，解决了实际制作过程中出现的一个又一个问题（图5-64）。

图5-63　身体装饰《肌器》结构实验
作者：刘琼

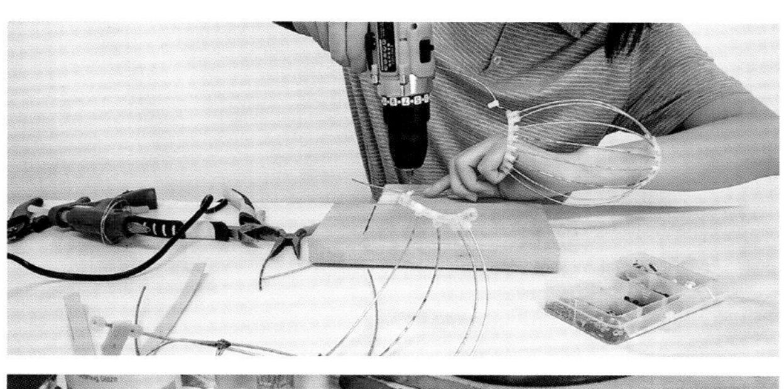

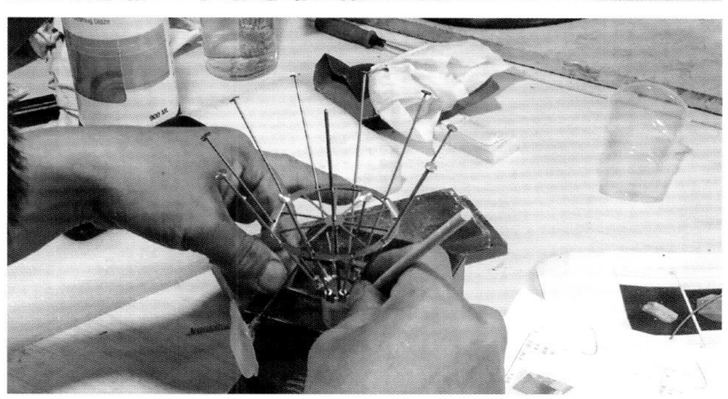

图5-64　身体装饰《肌器》制作过程
作者：刘琼

4.作品佩戴

这套动态首饰作品以机械原理为基础，不同部位的肌肉牵拉作为作品的驱动方式，探索机械结构随人体动作变化产生的多种可能性。

这套作品为五件，佩戴方式如下（图5-65）：

（1）颈部屈曲：佩戴在颈部，胸锁乳突肌和夹肌共同完成颈部的弯曲和伸展，作者将这些肌肉群的形态及动态提取并得出了这件作品，佩戴人通过低头和抬头完成作品的展示。

（2）上臂外展：佩戴在肩膀部位，通过肩部的三角肌和冈上肌来牵动胳膊伸展，使作品产生变化。

（3）小臂外旋：通过手臂特有的旋前肌来牵动小臂旋转，使作品产生旋转变化。

（4）手指内收：根据掌中间肌控制手指内收和张开，作品通过手指的收张产生动态变化。

（5）膝部屈伸：腿的弯曲和伸直由三种肌肉控制，分别为股二头肌、股四头肌和腓肠肌，作品佩戴在膝盖部位，佩戴者通过弯腿和伸腿使作品产生变化。

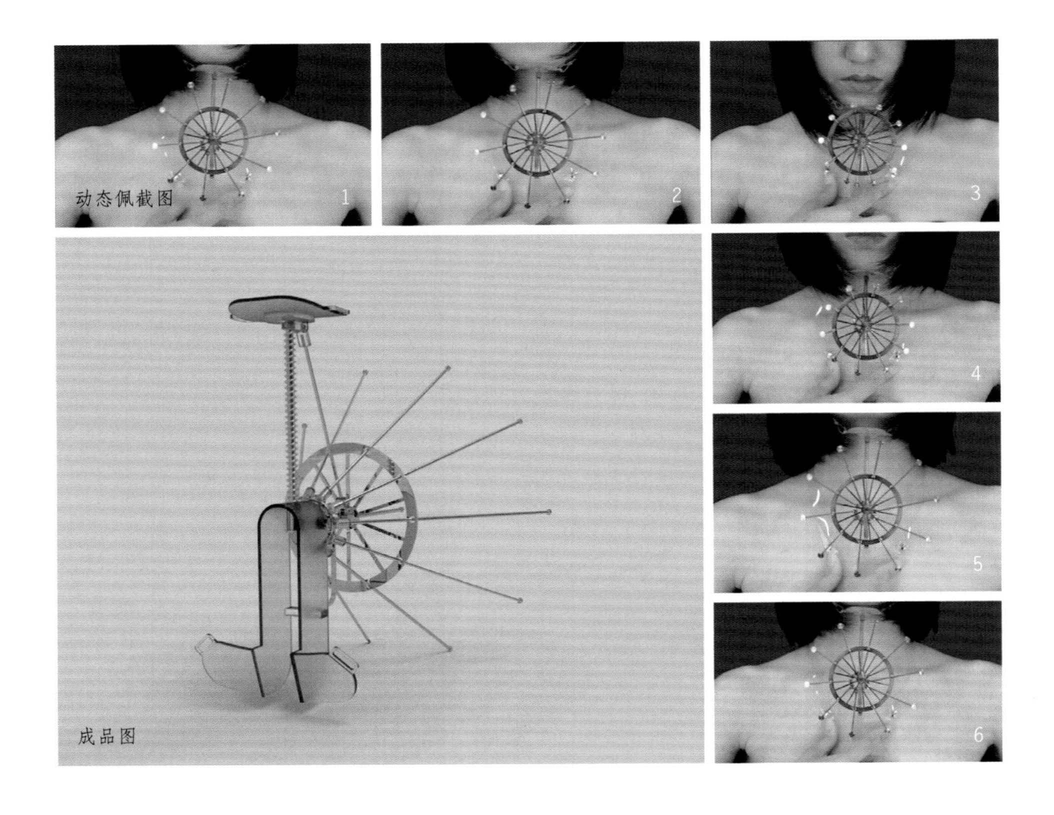

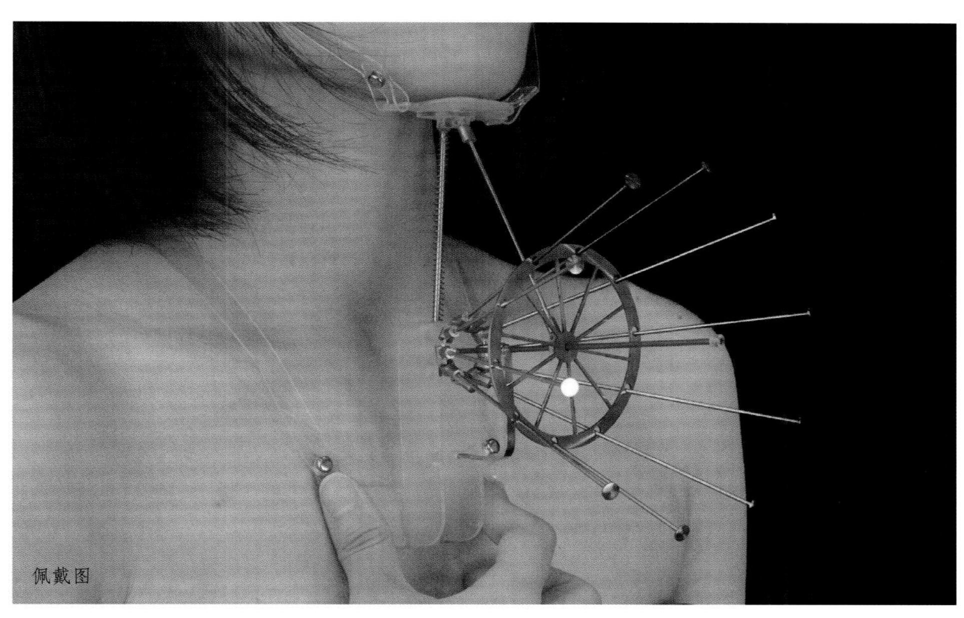

颈部屈曲佩戴图

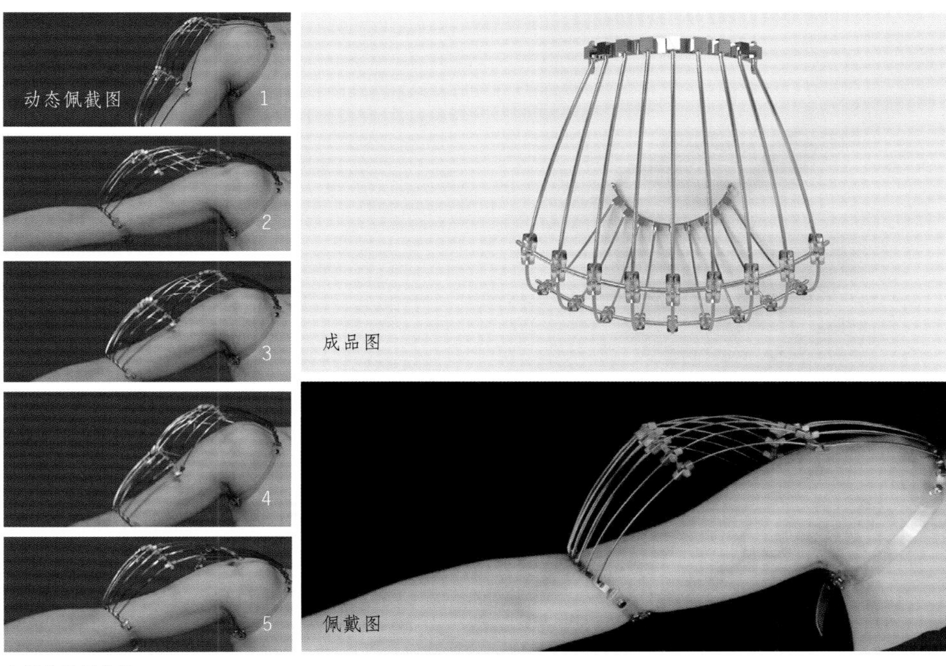

上臂外展佩戴图

图5-65

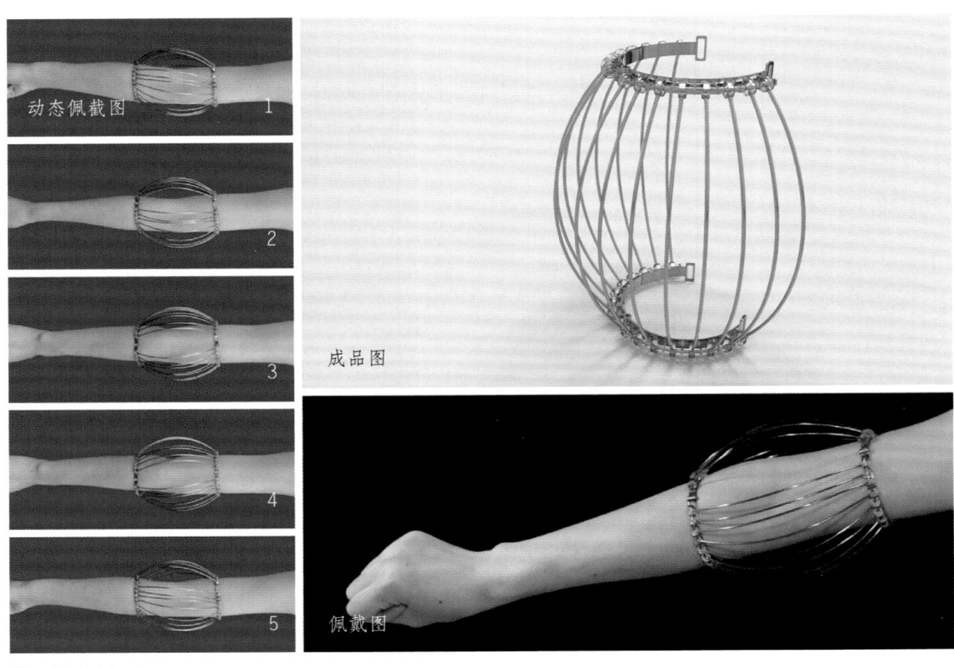

小臂外旋佩戴图

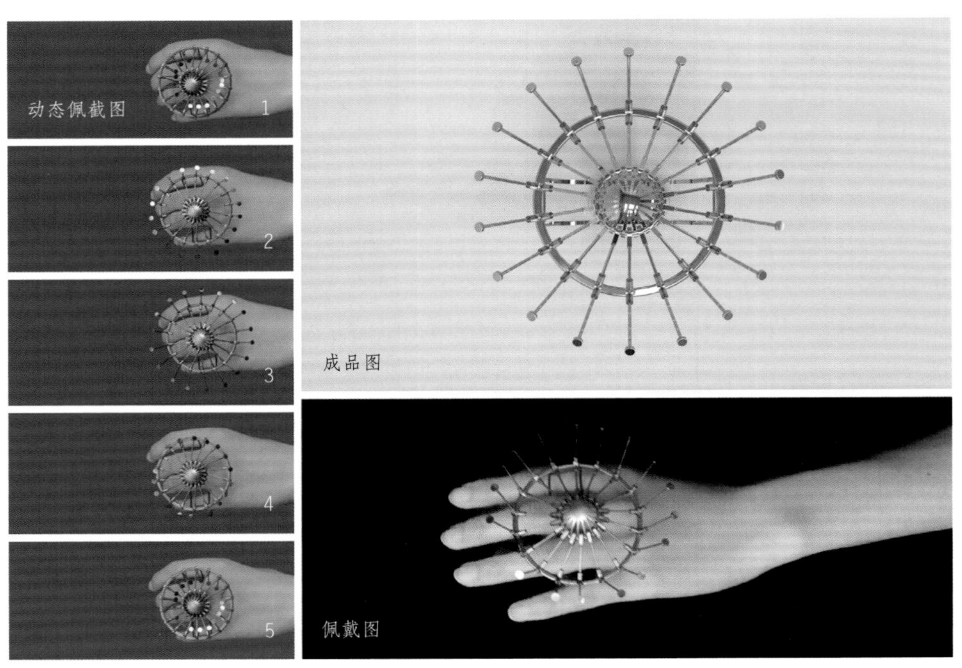

手指内收佩戴图

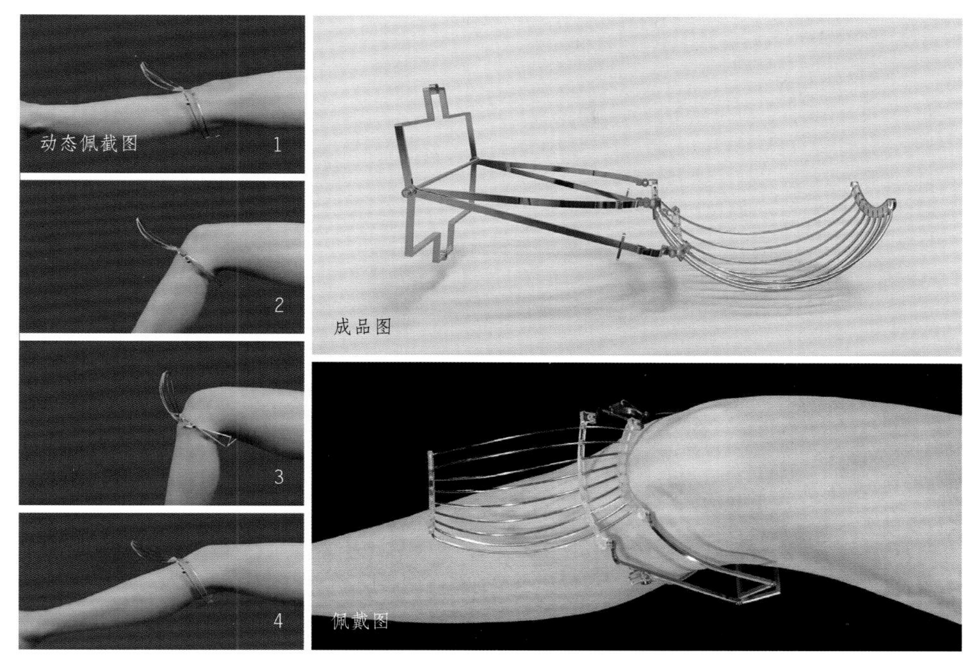

膝部屈伸佩戴图

图5-65　**身体装饰《肌器》**

作者：刘琼

材质：不锈钢、PC塑料

案例十二 原创首饰作品赏析

本节展示的原创首饰作品，采用具象与抽象的形式语言，叙述了不同的原创首饰设计文化与观念，为现代原创首饰设计提供了范例（图5-66～图5-70）。

图5-66 项链《失眠》

作者：德尼丝·J.雷伊坦

材质：天河石、烟晶、镁砂石、玫瑰石英、紫水晶、硅酮、塑料

摄影：比约恩·沃尔夫

图5-67　项饰《三玫瑰》

作者：琳达·特莱吉尔（Linda Threadgill）

材质：925银、青铜

尺寸：43cm×35.5cm×3.2cm

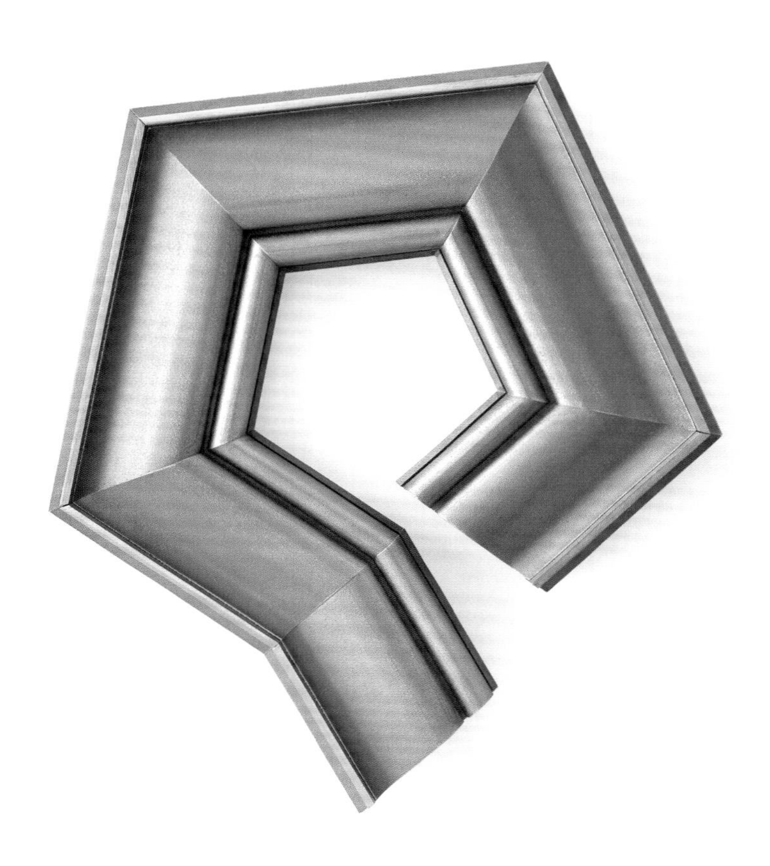

图5-68 胸针《无题》

作者：赫尔弗里德·科德雷

材质：银、黄金

尺寸：7.5cm×6.5cm×1cm

图5-69　项饰《"珠珞纪"：内幕消息》

作者：菲丽珂·凡·德·李斯特（Felieke van der Leest）
材质：纺织品、塑料动物模型、银、铝合金、纸、塑料、立方氧化锆
尺寸：15cm×11cm×6cm

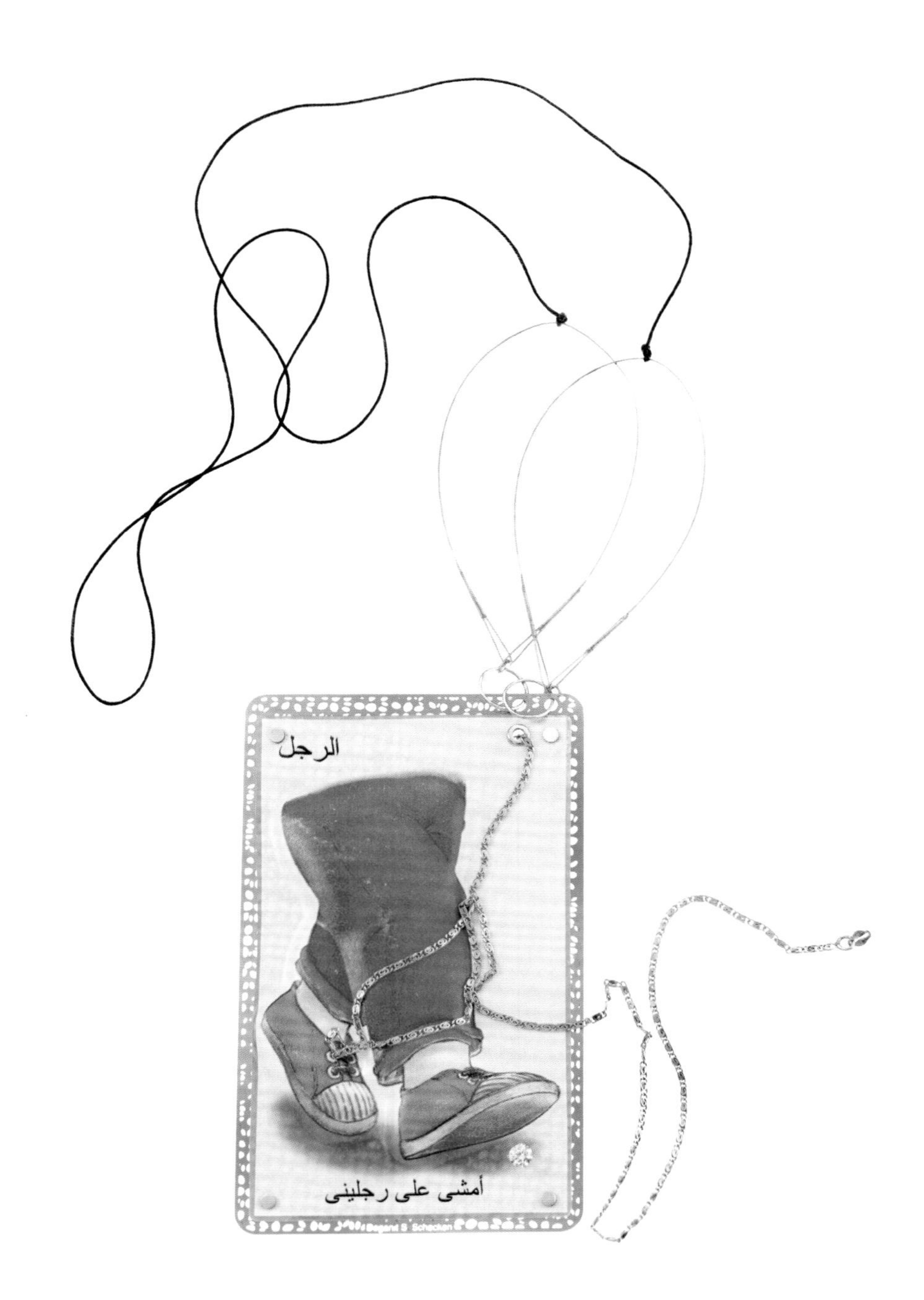

图5-70　项饰《修辞系列：腿》

作者：达佳妮·斯特恩·施肯（Deganit Stern Schocken）

材质：不锈钢、聚苯乙烯、银、金、尼龙线

尺寸：12cm×7.5cm×0.5cm

后记 POSTSCRIPT

应该说，在“一切皆被消费”的时代，文化艺术想要保持自身的纯粹性，的确有点勉为其难，且不论这种纯粹性是否有保持的必要。所幸，首饰艺术在不经意间为我们保留了一方“净土”。多年来，她一路前行，义无反顾，无数当代首饰艺术家的以梦为马，照亮了她的风雨兼程、秣马厉兵。

一直以来，业界素有“商业首饰”与“艺术首饰”孰高孰低之争，究其缘由，恐怕要归因于消费社会中商业机器日益强大的支配力，以及少数社会精英的拒绝媚俗。事实上，“商业首饰”与“艺术首饰”的关系有排斥，也有依存，两者有不同点，也有相同点，对此，本书第一章和第二章皆有论述，供读者参考。窃以为，也许，对于处在上升期的中国而言，少一点坐而论道、多一点起而行之，恐怕更有利于社会的进步。

本书为首饰艺术工作者、爱好者提供了较为详尽的原创首饰的设计方法和路径，此为艺术首饰与商业首饰的设计原动力。在设计或创作的萌发阶段，保有“原创”的初心，而不是一味地模仿、拷贝，甚至抄袭，对于艺术首饰与商业首饰来说，皆未免幸哉。

在本书的编撰过程中，得益于国内外的首饰艺术家、设计师、工作者和高校首饰专业师生的大力支持和无私奉献，本书才有深入浅出的文字分析和精美绝伦的图片呈现。在此，对他们表示衷心的感谢。

他们是：唐绪祥、滕菲、郭新、孙捷、曹毕飞、刘骁、梁鹂、赵祎、陈彬雨、宋懿、程之璐、王涛、张慧、赵杰、吴冕、吴冬怡、柴吉昌、刘琼、范湘、陈嘉慧、李颖臻、李丹青、史玮璇、谢雯欢、彭程、赵雪、宋徐俊男、姚世卿、李昀倩、姜涞、闫丹婷、张蕴琪、马轩、冯天蓝、李灵昭、常诗俨、吉毓熹、Ruudt Peters、Ted Noten、Otto Künzli、Giampaolo Babetto、Bruce Metcalf、Mari Ishikawa、Lisa Walker、Jivan Astfalck、Kim Buck、Maria Rosa Franzin、Gigi Mariani、Julie Blyfield、mi-mi-moscow、Stefano Marchetti、Iris Bodemer、Attai Chen、Viktoria Münzker、

Tanel Veenre、Felieke van der Leest、Georg Dobler、Mette Saabye、Wendy McAllister、Jana Machatova、Graziano Visintin、Karin Johansson、Annelies Planteydt、Judy McCaig、Elin Flognman、Sébastien Carré 、Yojae Lee、Linda Threadgill、Annette Dam、Eva Burton、Nanna Obel、Holland Houdek、Marion Delarue、Bas Bouman、Antoaneta Ivanova、Christel van der Laan、Lewis Anna May、Akiko Shinzato、Andrea Wagner、Camilla Luihn、Helfried Kodré 、Deganit Stern Schocken、Sílvia Serra Albaladejo、Heidemarie Herb、Denise J.Reytan、Tiffany Parbs，没有他们的帮助，就没有本书的问世。

我还要感谢我的家人，感谢他们对我一如既往的支持，推动我在工作上不断进取。最后，愿我舞勺之年的儿子胡以漠健康、快乐地成长。

胡 俊

2022年2月18日